Amar Saraswat

Aplicações de autómatos: Cenários em tempo real revelados

Amar Saraswat

Aplicações de autómatos: Cenários em tempo real revelados

Imprint

Any brand names and product names mentioned in this book are subject to trademark, brand or patent protection and are trademarks or registered trademarks of their respective holders. The use of brand names, product names, common names, trade names, product descriptions etc. even without a particular marking in this work is in no way to be construed to mean that such names may be regarded as unrestricted in respect of trademark and brand protection legislation and could thus be used by anyone.

Cover image: www.ingimage.com

This book is a translation from the original published under ISBN 978-620-7-63906-9.

Publisher:
Sciencia Scripts
is a trademark of
Dodo Books Indian Ocean Ltd. and OmniScriptum S.R.L publishing group

120 High Road, East Finchley, London, N2 9ED, United Kingdom
Str. Armeneasca 28/1, office 1, Chisinau MD-2012, Republic of Moldova, Europe
Printed at: see last page
ISBN: 978-620-7-61697-8

*APLICAÇÕES DE AUTÓMATOS: CENÁRIOS EM TEMPO REAL
REVELADOS*

DR. AMAR SARASWAT
PROF. ASSISTENTE - DEPT. DE CSE
ESCOLA DE ENGENHARIA E TECNOLOGIA
K. R. MANGALAM UNIVERSITY, GURUGRAM

ÍNDICE

CAPÍTULO 1
INTRODUÇÃO ÀS APLICAÇÕES DOS AUTÓMATOS

Introdução

No domínio das ciências da computação, o conceito de autómatos constitui um pilar fundamental subjacente a inúmeras tarefas e sistemas computacionais. Na sua essência, a teoria dos autómatos gira em torno do estudo de máquinas abstractas e dos seus comportamentos em resposta a entradas, oferecendo uma perspetiva das capacidades e limitações dos modelos computacionais. Estes autómatos, que vão desde as simples máquinas de estados finitos até às complexas máquinas de Turing, fornecem um quadro formal para compreender a computação e as suas aplicações no mundo real. Ao explorarem os princípios da teoria dos autómatos, os investigadores e os profissionais desbloqueiam um tesouro de ferramentas e metodologias aplicáveis em diversos domínios.

Os autómatos finitos, a forma mais simples de autómatos, são capazes de modelar sistemas com um número finito de estados e entradas discretas. Muitas vezes comparados a diagramas de estado, os autómatos finitos têm utilidade prática em cenários como o reconhecimento de padrões, a análise lexical em compiladores e a conceção de circuitos digitais. Os autómatos pushdown, que alargam as capacidades dos autómatos finitos através da incorporação de uma memória baseada em pilhas, destacam-se na análise de linguagens livres de contexto. Estes autómatos desempenham um papel fundamental no desenvolvimento de compiladores, na análise sintáctica e no processamento de linguagens formais.

As máquinas de Turing, embora abstractas por natureza, constituem a pedra angular da teoria da computabilidade. Estes constructos teóricos podem simular qualquer processo algorítmico e são fundamentais para compreender os limites da computação. Apesar da sua natureza concetual, as máquinas de Turing têm aplicação em diversos domínios, incluindo a conceção de algoritmos, a inteligência artificial e a criptografia. Os autómatos celulares, caracterizados por uma grelha de células regidas por regras simples, oferecem uma perspetiva do comportamento emergente e dos sistemas dinâmicos. Desde a modelação de processos biológicos até à simulação do fluxo de tráfego e da dinâmica urbana, os autómatos celulares constituem um quadro versátil para a análise de fenómenos complexos.

As redes de Petri, outra variante dos autómatos, são amplamente utilizadas na modelação de sistemas concorrentes e na gestão do fluxo de trabalho. Com a sua capacidade de captar a simultaneidade, a sincronização e a atribuição de recursos, as redes de Petri têm aplicação na conceção de sistemas distribuídos, processos de fabrico e otimização do fluxo de trabalho. A influência da teoria dos autómatos estende-se até ao domínio da robótica, onde os algoritmos baseados em autómatos potenciam o planeamento de percursos, o controlo de movimentos e os processos de tomada de decisões em sistemas autónomos. Ao aproveitar os princípios da teoria dos autómatos, os investigadores continuam a ultrapassar os limites das capacidades computacionais, impulsionando a inovação e o avanço numa miríade de disciplinas.

1.1. Definição de autómatos

Os autómatos, no domínio das ciências da computação, referem-se a modelos matemáticos abstractos que imitam o comportamento de sistemas do mundo real. Na sua essência, a teoria dos autómatos trata do estudo de máquinas abstractas e dos problemas computacionais que estas resolvem. Estas máquinas, muitas vezes descritas como máquinas de estados finitos ou máquinas de Turing, funcionam com base num conjunto de regras e transitam entre diferentes estados com base na entrada. O próprio termo "autómato" deriva da palavra grega "automaton", que significa máquina auto-operada, sublinhando o conceito de máquinas capazes de executar tarefas predefinidas de forma autónoma.

Na sua forma mais simples, os autómatos podem ser visualizados como modelos que incluem estados, transições e entradas. Estes modelos são cruciais para a compreensão dos princípios fundamentais da computação, servindo como blocos de construção para várias aplicações em ciências e engenharia informáticas. O estudo dos autómatos permite compreender as capacidades e limitações dos sistemas computacionais, oferecendo uma base teórica para a conceção de algoritmos e sistemas eficientes.

Os autómatos podem ser classificados em vários tipos com base no seu poder computacional e nas suas capacidades de expressão. Os autómatos finitos, por exemplo, funcionam num conjunto finito de estados e são frequentemente utilizados para reconhecer linguagens regulares. Os autómatos pushdown alargam este conceito, incorporando uma pilha para obter potência computacional adicional, o que os torna adequados para analisar linguagens livres de contexto. As máquinas de Turing, por outro lado, representam o auge dos modelos computacionais, capazes de simular qualquer processo algorítmico.

O significado dos autómatos vai para além dos quadros teóricos, encontrando aplicações práticas em diversos domínios, como a engenharia de software, a linguística, a inteligência artificial e a robótica. Ao compreender o comportamento dos autómatos, os programadores podem conceber algoritmos eficientes para tarefas que vão desde o reconhecimento de padrões ao processamento de linguagem natural. Além disso, os autómatos desempenham um papel crucial na conceção de compiladores, análise e otimização de código, facilitando o desenvolvimento de sistemas de software robustos e eficientes. O estudo das aplicações dos autómatos não se limita à investigação académica; permeia as indústrias onde a eficiência computacional e a automação são fundamentais. Por exemplo, a teoria dos autómatos encontra aplicações na conceção e otimização de circuitos digitais, permitindo o desenvolvimento de hardware mais rápido e mais eficiente em termos energéticos. Na cibersegurança, os autómatos são utilizados para a deteção de intrusões, análise de malware e verificação de protocolos de segurança, protegendo os bens digitais contra ciberameaças. Além disso, a teoria dos autómatos serve de base teórica para a compreensão de sistemas complexos em biologia, física e economia. Os sistemas biológicos, como as redes reguladoras de genes e os circuitos neuronais, apresentam um comportamento análogo ao dos autómatos, o que permite compreender os processos biológicos e os mecanismos das doenças. Do mesmo modo, os modelos de autómatos são utilizados na análise do fluxo de tráfego, em simulações económicas e na dinâmica de redes sociais, ajudando os decisores políticos na tomada de decisões e na atribuição de recursos. Em suma, o estudo dos autómatos e das suas aplicações abrange um vasto espetro de domínios teóricos e práticos, moldando a paisagem da computação e da tecnologia modernas. Ao fornecer um quadro formal para a modelação da computação, a teoria dos autómatos facilita a conceção e análise de algoritmos, sistemas e processos em várias disciplinas. À medida que a tecnologia continua a evoluir, espera-se que a relevância e o impacto das aplicações de autómatos cresçam, impulsionando a inovação e o progresso em diversos domínios.

1.2. Tipos de autómatos

A teoria dos autómatos é a espinha dorsal da ciência da computação moderna, fornecendo um quadro teórico para compreender e analisar sistemas computacionais. Na sua essência, a teoria dos autómatos investiga modelos matemáticos abstractos de computação, que são essenciais para resolver eficazmente uma vasta gama de problemas do mundo real. Um dos conceitos fundamentais da teoria dos autómatos é a classificação dos autómatos em diferentes tipos, com base nas suas capacidades e estruturas computacionais. Os autómatos finitos, a forma mais simples de autómatos, funcionam com conjuntos finitos de estados e entradas. Estas máquinas, muitas vezes representadas como diagramas de estado, são capazes de reconhecer linguagens regulares, o que as torna inestimáveis em várias aplicações, como a correspondência de padrões, a análise lexical e a conceção de circuitos. Os autómatos pushdown alargam as capacidades dos autómatos finitos através da introdução de uma memória de pilha, permitindo-lhes reconhecer linguagens livres de contexto. Os autómatos pushdown são normalmente utilizados na conceção de compiladores, na análise de linguagens naturais e na análise sintáctica. As máquinas de Turing, introduzidas por Alan Turing na década de 1930, representam a classe mais poderosa de autómatos. São constituídas por uma fita infinita dividida em células, uma cabeça de leitura/escrita e um conjunto finito de estados. As máquinas de Turing podem simular qualquer processo algorítmico e são capazes de reconhecer linguagens recursivamente enumeráveis, o que as torna fundamentais para compreender os limites da computação. Apesar do seu significado teórico, as máquinas de Turing também encontram aplicações práticas em domínios como a análise da complexidade algorítmica e a simulação computacional.

Os autómatos celulares são modelos computacionais discretos caracterizados por uma grelha de células, cada uma das quais pode existir num número finito de estados. Estas máquinas evoluem em passos de tempo discretos de acordo com regras predefinidas baseadas nos estados das células vizinhas. Os autómatos celulares têm diversas aplicações que vão desde a modelação de sistemas físicos e fenómenos biológicos até à simulação do fluxo de tráfego e da dinâmica social. As redes de Petri, outro tipo de autómatos, fornecem uma linguagem de modelação gráfica e matemática para a descrição e análise de sistemas concorrentes. São constituídas por lugares, transições e arcos, permitindo a representação de processos que envolvem a afetação de recursos, a sincronização e a comunicação.

Cada tipo de autómato possui capacidades e características computacionais únicas, o que os torna adequados para diferentes classes de problemas. Compreender as distinções entre estes tipos de autómatos é crucial para a conceção de algoritmos eficientes, o desenvolvimento de sistemas de software robustos e a exploração dos limites teóricos da computação. Nas secções seguintes, iremos aprofundar cada tipo de autómato, explorando os seus fundamentos teóricos, aplicações práticas e importância na computação moderna.

1.3. Importância dos autómatos na computação

A teoria dos autómatos tem um significado primordial no domínio da computação, servindo como um pilar fundamental sobre o qual são construídos numerosos conceitos e tecnologias computacionais. Na sua essência, a teoria dos autómatos fornece um quadro formal para a compreensão e modelação de processos computacionais, permitindo o desenvolvimento de algoritmos eficientes, sistemas de software e concepções de hardware. Uma das principais contribuições da teoria dos autómatos reside na sua capacidade de delinear os limites da computabilidade, elucidando quais as tarefas que podem ser executadas por máquinas e o que está para além das suas capacidades.

Além disso, a teoria dos autómatos desempenha um papel fundamental na construção de compiladores e na conceção de linguagens. Os autómatos finitos, os autómatos pushdown e outras variantes servem de ferramentas fundamentais para a análise lexical, a análise sintáctica e a interpretação semântica na construção de compiladores. Ao empregar técnicas baseadas em autómatos, os programadores podem desenvolver compiladores robustos que traduzem linguagens de programação de alto nível em instruções legíveis por máquina com precisão e eficiência.

Além disso, a teoria dos autómatos tem uma aplicação generalizada na conceção e verificação de circuitos e sistemas digitais. As máquinas de estados finitos (FSM), derivadas dos autómatos, são amplamente utilizadas para modelar circuitos lógicos sequenciais, unidades de controlo e protocolos de comunicação. Através de uma análise e simulação rigorosas, os engenheiros podem garantir a correção, fiabilidade e desempenho de sistemas digitais complexos, avançando assim o estado da arte na conceção de hardware.

Para além da engenharia de hardware e software, a teoria dos autómatos está na base de várias áreas da inteligência artificial e da aprendizagem automática. Os modelos de Markov, os modelos de Markov ocultos (HMM) e as redes neuronais recorrentes (RNN) podem ser vistos como formas especializadas de autómatos, capazes de captar dependências temporais e comportamentos probabilísticos em sequências de dados. Tirando partido das técnicas baseadas em autómatos, os investigadores podem desenvolver modelos sofisticados de

IA para reconhecimento do discurso, processamento de linguagem natural, reconhecimento de padrões e deteção de anomalias.

Além disso, a teoria dos autómatos desempenha um papel crucial na criptografia e na cibersegurança. Os autómatos finitos e as máquinas de estados são utilizados para modelar protocolos criptográficos, mecanismos de autenticação e sistemas de controlo de acesso. Ao analisar o comportamento destes autómatos em vários cenários de ataque, os peritos em segurança podem identificar vulnerabilidades, conceber defesas robustas e garantir a integridade e a confidencialidade de informações sensíveis em sistemas digitais.

Além disso, a teoria dos autómatos promove colaborações interdisciplinares e a inovação em diversos domínios, incluindo a biologia, a química, a física e a economia. Conceitos como os autómatos celulares, as redes de Petri e os autómatos da teoria dos jogos fornecem informações valiosas sobre sistemas e fenómenos complexos observados na natureza, na sociedade e na economia. Ao aplicar metodologias baseadas em autómatos, os investigadores podem desvendar padrões intrincados, prever comportamentos emergentes e conceber estratégias de otimização e controlo.

Em conclusão, a importância dos autómatos na computação não pode ser exagerada. Dos fundamentos teóricos às aplicações práticas, a teoria dos autómatos permeia todas as facetas da computação moderna, impulsionando a inovação, permitindo o progresso e moldando a paisagem digital. À medida que a tecnologia continua a evoluir e os desafios se tornam mais complexos, a relevância duradoura da teoria dos autómatos assegura o seu papel indispensável no avanço das fronteiras da ciência, da engenharia e da sociedade.

Conclusão

. Em conclusão, a nossa exploração no domínio das aplicações de autómatos revela uma paisagem multifacetada enriquecida com complexidades computacionais e significado prático. Através da dissecação dos elementos fundamentais na introdução, elucidámos a essência dos autómatos, que representam modelos computacionais abstractos capazes de exibir comportamentos complexos através de estados e transições definidos. Ao delinear os diversos tipos de autómatos, desde as máquinas finitas até às máquinas de Turing, revelámos o espetro de capacidades computacionais que oferecem, cada uma delas adaptada para abordar domínios problemáticos específicos com diferentes graus de poder computacional. Além disso, o nosso discurso sublinha a importância primordial dos autómatos no domínio da computação, servindo como blocos de construção fundamentais para a conceção de algoritmos, processamento de linguagem e modelação de sistemas. Ao reflectirmos sobre a definição de autómatos, torna-se evidente que estes modelos abstractos servem como estruturas conceptuais para compreender e resolver uma miríade de problemas computacionais. A sua simplicidade desmente a sua versatilidade, tornando-os ferramentas indispensáveis em diversos domínios, desde a informática teórica a aplicações práticas de engenharia. A taxonomia dos tipos de autómatos realça ainda mais a sua adaptabilidade, com cada variante a satisfazer necessidades computacionais distintas, quer se trate de reconhecer padrões em sequências de entrada ou de simular processos computacionais complexos. A importância dos autómatos na computação não pode ser exagerada. Constituem o alicerce sobre o qual se constrói a teoria computacional moderna, fornecendo uma base teórica para compreender os limites e as capacidades da computação. Desde a conceção de algoritmos eficientes até à análise da expressividade das linguagens de programação, os autómatos desempenham um papel fundamental na definição do panorama da ciência e tecnologia da computação. Além disso, as suas aplicações práticas vão muito além do meio académico, permeando sectores como a engenharia de software, a inteligência artificial e a robótica. Essencialmente, a nossa exploração das aplicações dos autómatos serve como testemunho da relevância e do impacto duradouros da ciência da computação teórica na resolução de problemas do mundo real. Ao mergulhar nos meandros dos autómatos, não só obtemos uma compreensão mais profunda dos processos computacionais, como também desbloqueamos um tesouro de ferramentas e técnicas que nos permitem enfrentar desafios complexos com engenho e precisão. À medida que navegamos na paisagem em constante evolução da tecnologia, os princípios fundamentais dos autómatos continuam a guiar a nossa procura de inovação e descoberta, iluminando caminhos para novas fronteiras da computação e não só.

CAPÍTULO 2
AUTÓMATOS FINITOS

Introdução:

Os autómatos finitos, frequentemente abreviados como FA, são modelos matemáticos fundamentais utilizados nas ciências da computação e na informática teórica. Na sua essência, os autómatos finitos são constituídos por um conjunto de estados e transições entre esses estados com base em entradas. São amplamente utilizados em vários cenários de tempo real devido à sua simplicidade e eficácia na modelação de processos sequenciais. Uma aplicação proeminente dos autómatos finitos é a conceção e implementação de máquinas de venda automática. Neste cenário, o autómato finito representa a lógica de controlo da máquina de venda automática, com estados que correspondem a diferentes fases do processo de venda automática, tais como a paragem, a seleção de um produto, o processamento do pagamento e a distribuição do artigo. Neste contexto, os autómatos finitos são utilizados para reconhecer e classificar tokens no código fonte com base em padrões predefinidos. Por exemplo, num compilador para uma linguagem de programação, um autómato finito pode ser concebido para identificar palavras-chave, identificadores, operadores e outros elementos sintácticos. Esta aplicação mostra a eficiência dos autómatos finitos na análise de fluxos de entrada sequenciais. Além disso, os autómatos finitos têm aplicação em protocolos de rede, nomeadamente no encaminhamento e filtragem de pacotes. Podem ser utilizados para definir o comportamento de encaminhadores e comutadores numa rede, determinando a forma como os pacotes são encaminhados com base nos seus endereços de destino, tipos de protocolo ou outros atributos dos pacotes. Ao modelar a lógica de encaminhamento através de autómatos finitos, os administradores de rede podem garantir uma transmissão de dados eficiente e fiável em infra-estruturas de rede complexas. Para além destas aplicações, os autómatos finitos são fundamentais no domínio do processamento de linguagem natural (PNL). São utilizados em tarefas como a tokenização de texto, a marcação de parte do discurso e a análise sintáctica. Os modelos baseados em autómatos finitos permitem aos computadores compreender e processar a linguagem humana, decompondo os dados textuais em componentes significativos e analisando as suas propriedades linguísticas. Os autómatos finitos desempenham também um papel vital na conceção e análise de circuitos digitais e sistemas lógicos sequenciais. São utilizados na modelação e verificação do comportamento de circuitos sequenciais, tais como máquinas de estados finitos (FSM), contadores e sequenciadores. Os engenheiros utilizam os autómatos finitos para conceber unidades de controlo robustas e eficientes para vários sistemas digitais, garantindo um funcionamento correto sob diferentes condições de entrada. Além disso, os autómatos finitos são utilizados na especificação e verificação de protocolos, particularmente na verificação formal de protocolos de comunicação e sistemas distribuídos. Ao modelar os comportamentos dos protocolos utilizando autómatos finitos, os projectistas podem identificar potenciais falhas nos protocolos, detetar bloqueios e garantir a correção dos protocolos, aumentando assim a fiabilidade e a segurança dos sistemas de comunicação.

Em resumo, os autómatos finitos têm uma aplicação generalizada em diversos domínios, desde máquinas de venda automática e construção de compiladores a protocolos de rede e processamento de linguagem natural. A sua simplicidade, versatilidade e fundamento matemático tornam-nos ferramentas indispensáveis para modelar, analisar e controlar processos sequenciais em cenários de tempo real. À medida que a tecnologia continua a evoluir, espera-se que a importância dos autómatos finitos na ciência e engenharia da computação cresça, impulsionando mais investigação e inovação neste domínio.

2.1. Visão geral dos autómatos finitos

Os autómatos finitos, um conceito fundamental na ciência teórica da computação, servem de modelos matemáticos para sistemas computacionais com memória finita e estados discretos. No seu núcleo, um autómato finito consiste num conjunto de estados, um conjunto de transições entre esses estados e um conjunto de símbolos de entrada que conduzem essas transições. O autómato move-se de um estado para outro com base na entrada que recebe, seguindo um conjunto predefinido de regras. É uma abstração simples, mas poderosa, utilizada para compreender e analisar o comportamento de vários sistemas, desde simples máquinas de venda automática a complexos analisadores léxicos em compiladores. A simplicidade dos autómatos finitos reside no seu número finito de estados, o que os torna fáceis de gerir para análise e implementação. São particularmente úteis no reconhecimento de padrões e no processamento de cadeias de caracteres em áreas como o processamento de linguagem natural, a conceção de compiladores e a conceção de circuitos digitais. Em termos práticos, os autómatos finitos podem ser representados graficamente através de diagramas de transição de estados, em que os nós representam estados e as arestas representam transições desencadeadas por símbolos de entrada. Os autómatos finitos podem ser classificados em dois tipos: autómatos finitos determinísticos (DFA) e autómatos finitos não determinísticos (NFA). Nos DFA, para cada estado e símbolo de entrada, existe exatamente uma transição para o estado seguinte. Por outro lado, os NFA permitem múltiplas transições a partir de um único estado com o mesmo símbolo de entrada. Apesar desta diferença, tanto os DFA como os NFA têm um poder computacional equivalente, o que significa que qualquer linguagem reconhecida por um pode ser reconhecida pelo outro. Uma das aplicações mais interessantes dos autómatos finitos é no domínio do reconhecimento de padrões e da correspondência de cadeias de caracteres. Os DFA e os NFA são normalmente utilizados para procurar padrões específicos em grandes quantidades de texto, o que os torna ferramentas indispensáveis nos sistemas de recuperação de informação e nos algoritmos de processamento de texto. Além disso, os Autómatos Finitos desempenham um papel crucial na análise lexical, onde são utilizados para reconhecer tokens em linguagens de programação com base em regras lexicais predefinidas.

O estudo dos Autómatos Finitos vai para além dos seus fundamentos teóricos e abrange aplicações práticas na tecnologia quotidiana. Por exemplo, os autómatos finitos são utilizados na conceção de circuitos para otimizar a disposição dos componentes digitais e minimizar o consumo de energia. São também utilizados em protocolos de rede para validar sequências de pacotes e garantir a integridade e segurança dos dados.

Apesar do seu poder computacional e versatilidade, os autómatos finitos têm limitações. São inerentemente incapazes de lidar com sequências de entrada infinitas ou padrões complexos que requerem memória para além da sua representação de estado finito. Além disso, a construção de autómatos finitos determinísticos para certas linguagens pode ser difícil ou mesmo impossível, exigindo a utilização de modelos mais expressivos, como os autómatos pushdown ou as máquinas de Turing.

Em conclusão, os autómatos finitos são conceitos fundamentais nas ciências da computação, fornecendo um quadro formal para a compreensão e análise de processos computacionais. A sua simplicidade, aliada à sua vasta gama de aplicações, torna-os ferramentas indispensáveis em vários domínios da tecnologia e da engenharia. Compreender os autómatos finitos é essencial tanto para a exploração teórica como para a resolução de problemas práticos na computação moderna.

2.2. Cenário em tempo real: Máquina de venda automática

No domínio das ciências da computação, os autómatos finitos são modelos fundamentais para a compreensão e resolução de problemas computacionais. Na sua essência, os autómatos finitos representam um quadro teórico que incorpora estados, transições e entradas, oferecendo uma abstração simplificada dos sistemas do mundo real. Um cenário predominante em tempo real onde os autómatos finitos manifestam a sua utilidade é na conceção e funcionalidade das máquinas de venda automática, omnipresentes no nosso quotidiano.

Imagine que se aproxima de uma máquina de venda automática para comprar uma bebida ou um snack. Esta transação, aparentemente simples, reflecte o funcionamento de um autómato finito. A máquina de venda automática, semelhante a um autómato finito, tem estados distintos que representam as suas várias fases operacionais, desde a inatividade até à distribuição. À medida que o utilizador interage com a máquina, inserindo moedas e fazendo selecções, ocorrem transições entre estes estados, guiadas por regras e condições predefinidas. No contexto dos autómatos finitos, o comportamento da máquina de venda automática pode ser modelado com precisão através de diagramas de transição de estados. Estes diagramas delineam os estados da máquina, as entradas que despoletam as transições e os estados resultantes após cada entrada. Por exemplo, ao receber a quantia correcta de dinheiro, a máquina transita do estado "à espera de pagamento" para o estado "distribuição de artigos", facilitando a obtenção do produto selecionado.

A implementação dos princípios dos autómatos finitos nas máquinas de venda automática implica a resolução de vários desafios para garantir uma funcionalidade perfeita. Os engenheiros têm de conceber meticulosamente a lógica de transição de estados, tendo em conta as diversas interacções dos utilizadores e potenciais cenários de erro, tais como fundos insuficientes ou indisponibilidade de produtos. Além disso, são imperativos mecanismos robustos de tratamento de erros para orientar os utilizadores em situações excepcionais e manter a fiabilidade do sistema.

Para além disso, os avanços tecnológicos permitiram que as máquinas de venda automática tivessem capacidades melhoradas, esbatendo as linhas entre interfaces físicas e digitais. As iterações modernas incluem ecrãs tácteis, opções de pagamento sem dinheiro e monitorização de inventário em tempo real, aumentando a sua complexidade, embora continuando a aderir aos princípios fundamentais dos autómatos finitos.

Em conclusão, a aplicação de autómatos finitos em cenários de tempo real, como as máquinas de venda automática, ilustra a relevância e a versatilidade duradouras destas construções teóricas na computação moderna. Ao abstrair sistemas complexos em estados e transições geríveis, os autómatos finitos oferecem uma estrutura poderosa para modelar e compreender processos dinâmicos, facilitando a conceção de sistemas eficientes e intuitivos que enriquecem as nossas experiências diárias.

2.3. Desafios e soluções de implementação

Os autómatos finitos são modelos fundamentais na ciência da computação, utilizados para reconhecimento de padrões, processamento de linguagem e especificação de protocolos, entre várias outras aplicações. A visão geral dos autómatos finitos começa com a sua definição como máquinas abstractas capazes de transitar entre um conjunto finito de estados com base em símbolos de entrada. No entanto, a implementação de autómatos finitos coloca vários desafios. Um dos principais desafios reside na representação eficiente da função de transição, especialmente para autómatos de maiores dimensões com numerosos estados e transições. Isto pode levar a uma maior utilização de memória e a tempos de processamento mais lentos, particularmente em aplicações em tempo real. Outro desafio de implementação envolve a otimização da velocidade de processamento, especialmente quando se lida com sequências de entrada complexas. Os autómatos finitos são frequentemente utilizados em cenários em que a tomada rápida de decisões é crucial, como na filtragem de pacotes de rede ou na análise lexical em compiladores. Assim, a conceção de algoritmos e estruturas de dados que minimizem a complexidade temporal das transições de estado torna-se fundamental. Além disso, garantir a correção e a integridade do comportamento do autómato representa um desafio significativo. Os erros na especificação ou implementação das transições de estado podem levar a um comportamento não intencional, causando potencialmente falhas críticas em sistemas que dependem do processamento baseado em autómatos. Por conseguinte, são essenciais metodologias de teste rigorosas e técnicas de verificação formal para validar a correção das implementações de autómatos finitos.

Além disso, a escalabilidade das implementações de autómatos finitos é uma preocupação constante, especialmente à medida que a dimensão e a complexidade dos dados de entrada continuam a aumentar. Podem surgir problemas de escalabilidade em aplicações como o processamento de linguagem natural ou os sistemas de deteção de intrusões, em que o autómato tem de tratar eficientemente um grande número de padrões de entrada.

A resolução destes desafios de implementação exige soluções inovadoras e avanços nas técnicas algorítmicas. Por exemplo, os investigadores têm explorado técnicas como a minimização e a determinação de estados para reduzir o tamanho dos autómatos finitos, preservando o seu poder expressivo. Além disso, os paradigmas de computação paralela e distribuída oferecem oportunidades para melhorar a velocidade de processamento dos sistemas baseados em autómatos, permitindo-lhes lidar eficazmente com cargas de trabalho maiores.

Em conclusão, embora os autómatos finitos ofereçam capacidades poderosas para resolver vários problemas computacionais, a sua implementação efectiva exige a superação de vários desafios relacionados com a utilização da memória, a velocidade de processamento, a correção, a exaustividade e a escalabilidade. Ao empregar algoritmos inovadores, estruturas de dados e técnicas de verificação, os profissionais podem mitigar estes desafios e aproveitar todo o potencial dos autómatos finitos em aplicações do mundo real.

Conclusão:

Em conclusão, o estudo dos Autómatos Finitos (AF) apresenta um aspeto fundamental da ciência da computação, oferecendo um modelo conciso mas poderoso para compreender e resolver vários problemas computacionais. Através de uma visão geral dos autómatos finitos, explorámos os princípios e estruturas básicos que sustentam este conceito, realçando a sua importância tanto em contextos teóricos como práticos. Além disso, o cenário em tempo real de uma máquina de venda automática exemplifica a aplicação de autómatos finitos em sistemas do quotidiano, demonstrando a sua capacidade de modelar e controlar processos sequenciais de forma eficiente. A modelação de autómatos finitos fornece uma estrutura para representar o comportamento de sistemas com estados e transições finitos, tornando-a uma ferramenta inestimável na conceção e análise de sistemas complexos. Ao decompor a funcionalidade da máquina de venda automática em estados e transições discretos, podemos modelar eficazmente o seu funcionamento utilizando autómatos finitos, permitindo um controlo preciso e a previsão do seu comportamento. O Diagrama de Transição de Estado serve como uma representação visual do modelo de Autómatos Finitos, oferecendo informações sobre as transições de estado da máquina e o processo de tomada de decisão. Através deste diagrama, os intervenientes podem obter uma compreensão holística do funcionamento da máquina de venda automática, facilitando a conceção, depuração e otimização do sistema.

No entanto, a implementação de autómatos finitos em cenários reais apresenta frequentemente desafios como a explosão de estados, problemas de escalabilidade e complexidades de otimização. Estes desafios exigem soluções e técnicas inovadoras para garantir um desempenho eficiente e fiável do sistema. Ao tirar partido de algoritmos avançados, estruturas de dados e estratégias de otimização, os engenheiros podem ultrapassar estes obstáculos e desenvolver sistemas robustos baseados em Autómatos Finitos.

Em resumo, os autómatos finitos oferecem uma estrutura versátil e poderosa para modelar e controlar processos sequenciais, como evidenciado pela sua aplicação em cenários em tempo real, como as máquinas de venda automática. Embora possam surgir desafios durante a implementação, as vantagens da utilização de autómatos finitos na conceção e análise de sistemas são inegáveis. À medida que a tecnologia continua a evoluir, o estudo e a aplicação dos Autómatos Finitos continuam a ser pilares essenciais da ciência da computação, impulsionando a inovação e o progresso em vários domínios.

CAPÍTULO 3
AUTÓMATOS PUSHDOWN

Introdução:

Os autómatos pushdown (PDA) são um conceito fundamental no domínio da ciência da computação teórica, oferecendo uma estrutura poderosa para analisar e resolver uma variedade de problemas computacionais. No seu núcleo, um PDA representa um autómato finito aumentado com um componente de memória adicional sob a forma de uma pilha. Esta pilha permite que os PDAs reconheçam e processem linguagens livres de contexto, tornando-os indispensáveis em várias aplicações do mundo real, como a análise sintáctica em compiladores, o processamento de linguagem natural e a validação de protocolos em redes. Uma caraterística fundamental dos PDAs reside na sua capacidade de executar transições com base não só no símbolo de entrada atual, mas também no símbolo mais elevado da pilha, permitindo a tomada de decisões sensíveis ao contexto. Esta caraterística confere aos PDAs a expressividade necessária para lidar com linguagens que não podem ser reconhecidas apenas por autómatos finitos, colmatando assim a lacuna entre linguagens regulares e livres de contexto. Ao utilizar uma pilha para armazenar e recuperar símbolos, os PDAs podem gerir eficazmente estruturas aninhadas e seguir o contexto de uma computação, o que os torna particularmente adequados para tarefas que requerem um processamento hierárquico. No domínio da construção de compiladores, os PDAs desempenham um papel vital na análise sintáctica, onde analisam o código fonte de acordo com uma determinada gramática para garantir a correção sintáctica. Utilizando técnicas como a construção de tabelas de análise e a análise de descida recursiva, os PDAs facilitam a geração de árvores de análise ou árvores sintácticas abstractas, que servem de base para as fases subsequentes da compilação. Além disso, os PDAs encontram aplicações na validação de protocolos de rede, onde verificam a adesão dos pacotes de dados a normas de comunicação predefinidas, garantindo uma transmissão de dados fiável e segura. Apesar da sua utilidade, os PDAs colocam alguns desafios em termos de implementação e análise. A conceção de algoritmos eficientes para simular PDAs e determinar as suas complexidades computacionais continua a ser uma área de investigação ativa, com os investigadores a explorarem técnicas de otimização e métodos de aproximação para melhorar o seu desempenho. Além disso, o não determinismo inerente aos PDAs introduz complexidades no reconhecimento de linguagens e nos testes de equivalência, exigindo formalismos e algoritmos rigorosos para garantir a correção e a fiabilidade das aplicações práticas. Em conclusão, os autómatos pushdown representam um modelo computacional poderoso que alarga as capacidades dos autómatos finitos ao incorporar uma componente de memória baseada em pilhas. A sua versatilidade e expressividade tornam-nos indispensáveis em vários domínios, desde a construção de compiladores ao processamento de linguagem natural. Embora persistam desafios em termos de implementação e análise, a investigação em curso continua a fazer avançar a nossa compreensão dos PDAs e das suas aplicações práticas, reafirmando a sua importância no panorama da informática teórica.

3.1. Compreender os autómatos pushdown

Os autómatos pushdown (PDA) são um conceito fundamental no domínio da informática teórica, oferecendo uma estrutura robusta para modelar e analisar vários processos computacionais. Na sua essência, um autómato pushdown é uma máquina de estado finito com um mecanismo de armazenamento adicional - uma pilha - que lhe permite apresentar capacidades computacionais melhoradas em comparação com os autómatos finitos. Esta extensão permite aos PDAs lidar eficazmente com linguagens livres de contexto, uma classe de linguagens que não pode ser analisada apenas por autómatos finitos. Ao utilizar uma pilha, os PDAs podem manter o registo de símbolos não terminais durante a análise, permitindo-lhes reconhecer e gerar gramáticas livres de contexto com uma eficiência notável.

Um dos componentes fundamentais de um autómato pushdown é a sua capacidade de transitar entre estados enquanto manipula simultaneamente o conteúdo da sua pilha. Esta interação dinâmica entre transições de estado e operações de pilha está no centro das capacidades computacionais dos PDAs. Através de uma conceção e implementação cuidadosas das funções de transição, os PDAs podem navegar através de estruturas gramaticais complexas, validando a correção sintáctica das cadeias de entrada de acordo com regras gramaticais predefinidas. Esta capacidade torna os PDAs indispensáveis em várias tarefas de processamento de linguagem, incluindo a conceção de compiladores, a análise sintáctica e o processamento de linguagem natural. A versatilidade dos autómatos pushdown vai para além das suas aplicações no processamento da linguagem, abrangendo uma vasta gama de cenários do mundo real. Por exemplo, os PDAs são úteis na modelação e simulação de processos biológicos, como a análise da sequência de ADN e a dobragem de proteínas. Ao abstrair os fenómenos biológicos em construções linguísticas formais, os investigadores podem utilizar os PDA para desvendar os meandros das interacções moleculares e da codificação genética. Além disso, os PDAs são um conceito fundamental no domínio da teoria dos autómatos, abrindo caminho para o desenvolvimento de modelos e algoritmos computacionais mais avançados. Apesar do seu poder computacional e versatilidade, a compreensão dos autómatos pushdown implica enfrentar certos desafios e complexidades conceptuais. A natureza não determinística dos PDAs, caracterizada por múltiplas transições possíveis a partir de um determinado estado, exige uma análise cuidadosa da acessibilidade do estado e da manipulação da pilha. Além disso, a ambiguidade inerente às gramáticas livres de contexto coloca obstáculos adicionais aos algoritmos de análise baseados em PDA, exigindo técnicas de análise sofisticadas para garantir um reconhecimento exato e eficiente da linguagem. Em conclusão, a compreensão dos meandros dos autómatos pushdown é essencial para obter informações sobre os fundamentos teóricos da computação e do processamento da linguagem. Desde a conceção de compiladores até à bioinformática e muito mais, os PDAs são ferramentas indispensáveis para modelar e analisar sistemas complexos. Ao aprofundar as nuances do funcionamento dos PDAs e ao explorar as suas aplicações em diversos domínios, tanto os investigadores como os profissionais podem aproveitar todo o potencial dos Autómatos Pushdown para enfrentar os desafios computacionais e impulsionar a inovação no domínio da informática.

3.2. Cenário em tempo real: Análise de sintaxe no compilador

No domínio da informática, os autómatos pushdown (PDA) desempenham um papel fundamental, nomeadamente no domínio da análise sintáctica dos compiladores. À medida que os compiladores traduzem o código legível por humanos em instruções executáveis por máquinas, devem primeiro garantir que o código cumpre as regras de sintaxe da linguagem de programação. É aqui que entram em ação os autómatos pushdown.

Um cenário em tempo real onde os autómatos Pushdown brilham é na fase de análise sintáctica da construção do compilador. Quando um compilador analisa o código fonte, utiliza um autómato Pushdown para verificar a correção da sintaxe do código. Imagine um compilador a processar um programa escrito numa linguagem de alto nível como Python ou Java. À medida que o compilador lê cada linha de código, utiliza um autómato pushdown para seguir a estrutura do código, garantindo que está em conformidade com as regras gramaticais definidas pela linguagem.

Os autómatos pushdown são capazes de lidar com gramáticas livres de contexto, que são normalmente utilizadas para descrever a sintaxe das linguagens de programação. No contexto da conceção de compiladores, um autómato Pushdown é essencialmente uma máquina de estados finitos com memória adicional sob a forma de uma pilha. Esta pilha permite ao autómato seguir estruturas aninhadas no código, como loops e chamadas de função, que são cruciais para uma análise precisa da sintaxe. Considere-se o cenário de análise de uma definição de função numa linguagem de programação. O autómato Pushdown usaria a sua pilha para seguir os parênteses de abertura e de fecho, assegurando que correspondem corretamente. Se o autómato encontrar um erro, como um parêntesis em falta ou mal colocado, pode detetar imediatamente o problema e comunicá-lo ao utilizador, ajudando na depuração e melhorando a fiabilidade geral do compilador.

Além disso, os autómatos pushdown facilitam o tratamento eficiente de erros e estratégias de recuperação nos compiladores. Ao encontrar erros de sintaxe, o autómato pode empregar técnicas como a deteção e correção de erros para fornecer mensagens de erro úteis ao programador, orientando-o para a resolução do problema. Este ciclo de feedback em tempo real é essencial para melhorar a experiência do programador e acelerar o processo de desenvolvimento de software. Essencialmente, a utilização de autómatos pushdown na análise de sintaxe em compiladores exemplifica o seu significado prático em aplicações do mundo real. Tirando partido da sua capacidade de lidar com gramáticas livres de contexto e de gerir eficazmente estruturas aninhadas, os compiladores podem garantir a correção sintáctica do código, contribuindo assim para o desenvolvimento de sistemas de software robustos e fiáveis. À medida que a tecnologia continua a evoluir, os autómatos pushdown continuarão a ser uma pedra angular da construção de compiladores, permitindo a criação de linguagens de programação avançadas e de ferramentas que capacitam os programadores de todo o mundo.

3.3. Análise de gramática livre de contexto

A análise de gramáticas livres de contexto (CFG) desempenha um papel fundamental na análise sintáctica, constituindo a espinha dorsal de compiladores, intérpretes e sistemas de processamento de linguagem natural. Na sua essência, a análise CFG envolve a análise da estrutura de uma determinada cadeia de entrada com base numa gramática formal definida por regras. Estas regras determinam as combinações válidas de símbolos, permitindo a identificação de construções sintácticas, como frases, expressões e declarações de programas. Uma das principais aplicações da análise de CFG é a conceção de compiladores, onde facilita a conversão de linguagens de programação de alto nível em código executável por máquina. Durante a fase de análise, o compilador decompõe o código-fonte numa estrutura hierárquica, verificando a sua adesão às regras gramaticais especificadas para a linguagem. Este processo garante a correção sintáctica e constitui a base para as fases de compilação subsequentes, como a otimização e a geração de código. No processamento de linguagem natural, a análise CFG permite a análise e a compreensão das línguas humanas. Ao definir regras gramaticais para uma língua, os analisadores podem identificar a estrutura sintáctica das frases, extrair informações significativas e facilitar tarefas como a tradução de línguas, a análise de sentimentos e a recuperação de informações. Os analisadores baseados em CFG são componentes fundamentais dos sistemas de compreensão da linguagem, contribuindo para os avanços dos chatbots, dos assistentes virtuais e das ferramentas de tradução automática.

Além disso, a análise de CFG encontra aplicação em tarefas de processamento de texto, incluindo realce de sintaxe, formatação de código e refacção de código em ambientes de desenvolvimento integrado (IDE). Ao empregar analisadores baseados em CFG, os IDEs podem fornecer feedback em tempo real aos programadores, realçando erros de sintaxe, sugerindo complementos de código e ajudando na navegação do código, aumentando assim a produtividade e a qualidade do código.

Além disso, a análise de CFG desempenha um papel crucial na conceção e análise de protocolos de comunicação e formatos de serialização de dados. Ao definir gramáticas livres de contexto para estes domínios, os engenheiros podem especificar a sintaxe das mensagens trocadas entre sistemas, garantindo a interoperabilidade e a compatibilidade entre diferentes implementações. Para além das suas aplicações práticas, a análise de CFG continua a ser uma área ativa de investigação e desenvolvimento, com esforços contínuos para melhorar os algoritmos de análise, otimizar o desempenho da análise e alargar os formalismos de CFG para capturar estruturas de linguagem mais complexas. Os investigadores exploram novas técnicas de análise, tais como a análise de gráficos, a análise de Earley e a análise de CYK, com o objetivo de resolver os desafios da escalabilidade, da resolução de ambiguidades e da cobertura da linguagem.

Apesar da sua versatilidade e utilidade, a análise de CFG também apresenta alguns desafios, como o tratamento da ambiguidade nas gramáticas, a atenuação de ineficiências de análise para grandes entradas e a acomodação de variações na sintaxe da língua. Os investigadores e profissionais esforçam-se continuamente por ultrapassar estes desafios através do desenvolvimento de algoritmos de análise eficientes, formalismos gramaticais avançados e estratégias de otimização adaptadas a domínios de aplicação específicos.

Em conclusão, a análise de uma gramática livre de contexto é um conceito fundamental na ciência da computação, estando subjacente a uma vasta gama de aplicações na conceção de compiladores, processamento de linguagem natural, processamento de texto, protocolos de comunicação e muito mais. A sua importância estende-se para além das construções teóricas e das implementações práticas, impulsionando a inovação no desenvolvimento de software, na inteligência artificial e nas tecnologias de comunicação. À medida que a investigação progride e os avanços tecnológicos aceleram, a análise CFG continuará a evoluir, permitindo novas possibilidades na compreensão da linguagem, na engenharia de software e na interação homem-computador.

Conclusão:

Em conclusão, o estudo dos autómatos pushdown (PDA) é fundamental para a compreensão de processos computacionais complexos, nomeadamente no domínio da análise sintáctica dos compiladores. Através da nossa exploração, obtivemos uma compreensão mais profunda dos mecanismos subjacentes aos PDA e das suas aplicações em tempo real. Os autómatos pushdown, com a sua capacidade de processar gramáticas livres de contexto, oferecem uma solução elegante para analisar e validar a sintaxe das linguagens de programação. Esta compreensão fundamental é primordial para o desenvolvimento de compiladores eficientes e robustos, que servem como a espinha dorsal da engenharia de software moderna. A representação dos Autómatos Pushdown fornece uma estrutura para modelar o intrincado fluxo de computações, permitindo-nos dissecar e analisar estruturas sintácticas de forma eficaz. Ao mapear os estados de transição e utilizar a memória baseada em pilha, os PDAs facilitam o reconhecimento da sintaxe de programas válidos, garantindo a adesão a regras gramaticais predefinidas. Este processo é fundamental para identificar e assinalar erros, aumentando assim a fiabilidade e a usabilidade do código compilado. Além disso, no cenário em tempo real da análise sintáctica em compiladores, os autómatos pushdown desempenham um papel fundamental na análise de gramáticas sem contexto. Através de meticulosas transições de estado e manipulações de pilha, os PDAs navegam pelo fluxo de entrada, validando a correção sintáctica dos programas. Esta fase crítica da compilação garante que o código está em conformidade com as regras gramaticais especificadas, lançando as bases para as fases subsequentes de tradução e execução. Além disso, a incorporação de mecanismos de tratamento e recuperação de erros sublinha a resiliência dos autómatos pushdown face a ambiguidades ou erros sintácticos. Ao empregar estrategicamente estados de erro e manipulações de pilha, os PDAs podem recuperar graciosamente de erros de análise, fornecendo feedback informativo aos programadores e ajudando nos processos de depuração. Esta capacidade é indispensável no ciclo de desenvolvimento, promovendo o aperfeiçoamento iterativo e a melhoria das ferramentas de compilação. Essencialmente, os autómatos pushdown são ferramentas indispensáveis no domínio da análise sintáctica, oferecendo uma estrutura robusta para validar a sintaxe dos programas e garantir a integridade do código compilado. Através da sua representação e utilização na análise de gramáticas sem contexto, os PDAs permitem processos de compilação eficientes e fiáveis, lançando as bases para o desenvolvimento de sistemas de software sofisticados. À medida que a tecnologia continua a evoluir, o estudo e a aplicação dos autómatos pushdown continuarão a ser essenciais para o avanço da computação e da engenharia de software, impulsionando a inovação e a eficiência no ciclo de vida do desenvolvimento.

CAPÍTULO 4
MÁQUINA DE VIRAR

Introdução:

Uma máquina de Turing é um dos conceitos fundamentais da ciência da computação, concebido por Alan Turing em 1936. No seu núcleo, incorpora a essência da computação, oferecendo um quadro teórico para compreender os limites e as capacidades dos processos algorítmicos. No coração da Máquina de Turing está uma ideia simples, mas poderosa: uma fita dividida em células, com uma cabeça de leitura/escrita capaz de digitalizar e modificar símbolos na fita com base num conjunto de regras. Esta simplicidade esconde as suas profundas implicações, uma vez que as máquinas de Turing podem simular qualquer processo algorítmico, tornando-as uma pedra angular da ciência teórica da computação. Apesar dos seus componentes elementares, uma máquina de Turing pode imitar o comportamento de qualquer outro dispositivo de computação, incluindo os computadores modernos. Esta universalidade sublinha a sua importância como construção teórica, fornecendo informações sobre a natureza da própria computação. Ao demonstrar a equivalência entre diferentes modelos computacionais, as máquinas de Turing servem como um quadro unificador para compreender a diversidade de sistemas de computação que existem atualmente.

Para além dos seus fundamentos teóricos, as máquinas de Turing têm também implicações práticas. Servem de base concetual para o desenvolvimento de linguagens de programação, compiladores e sistemas operativos. A compreensão dos limites teóricos da computação, tal como elucidados pelas Máquinas de Turing, informa a conceção de algoritmos e estruturas de dados eficientes, orientando os engenheiros de software na sua tentativa de resolver problemas complexos do mundo real.

Além disso, as máquinas de Turing desempenham um papel fundamental no estudo da computabilidade e da teoria da complexidade. Proporcionam um quadro rigoroso para analisar a tractibilidade dos problemas computacionais, distinguindo entre os que podem ser resolvidos eficientemente e os que são inerentemente intratáveis. Esta base teórica tem implicações profundas em domínios tão diversos como a criptografia, a inteligência artificial e a otimização, moldando as fronteiras da investigação científica e da inovação tecnológica. Para além do seu significado intelectual, a Máquina de Turing incorpora implicações filosóficas mais vastas. A concetualização de Turing da computação como um processo mecânico lançou as bases para a conceção moderna da inteligência artificial, desafiando as noções tradicionais do que significa pensar e raciocinar. O famoso Teste de Turing, proposto pelo próprio Alan Turing, serve de referência para avaliar a inteligência das máquinas, suscitando reflexões profundas sobre a natureza da consciência e da cognição. A sua natureza idealizada não tem em conta considerações práticas, como as restrições de memória e a eficiência do tempo de execução, que são cruciais na computação do mundo real. Para além disso, o problema da paragem, cuja indecidibilidade foi provada por Turing, realça a incompletude inerente a qualquer sistema lógico formal, sublinhando as limitações inerentes ao conhecimento e à compreensão humanos.

No entanto, o legado da Máquina de Turing perdura como um testemunho do poder da abstração matemática e da investigação intelectual. A sua simplicidade concetual desmente as suas profundas implicações para a nossa compreensão da computação, da inteligência e da natureza da própria realidade. À medida que continuamos a debater-nos com os mistérios do universo, a Máquina de Turing permanece como um farol de discernimento, guiando-nos para novos horizontes de conhecimento e descoberta.

4.1.Introdução à máquina de Turing

A máquina de Turing é um conceito fundamental na ciência da computação, concebido por Alan Turing na década de 1930. Serve de modelo teórico para a computação, oferecendo uma visão profunda dos limites e capacidades dos algoritmos e sistemas de computação. Na sua essência, a máquina de Turing é composta por uma fita de comprimento infinito dividida em células, uma cabeça de leitura/escrita e um conjunto finito de estados. Esta estrutura simples, mas versátil, incorpora os princípios fundamentais da computação algorítmica. Um dos conceitos-chave da estrutura da Máquina de Turing é a ideia de computação através de transições de estado. A cabeça da máquina move-se ao longo da fita, lendo o símbolo na célula atual e determinando a ação seguinte com base no seu estado interno e no símbolo observado. Este processo de transição de estados encapsula a noção de computação como uma série de passos discretos, cada um determinado pela configuração da máquina e pela entrada fornecida. Turing demonstrou que esta máquina abstrata podia simular o comportamento de qualquer processo algorítmico, com tempo e recursos suficientes. Este teorema de universalidade solidifica o estatuto da máquina de Turing como pedra angular da ciência teórica da computação, sustentando o conceito de computabilidade e a tese de Church-Turing. Apesar da sua simplicidade, a máquina de Turing apresenta uma complexidade e um poder de expressão notáveis. Ao codificar algoritmos como sequências de transições de estados, pode resolver uma vasta gama de problemas computacionais, desde cálculos aritméticos simples a provas matemáticas avançadas. Além disso, a sua natureza teórica transcende as limitações das implementações físicas, permitindo a exploração de conceitos computacionais abstractos para além das restrições do hardware. Para além do seu significado teórico, a Máquina de Turing serve como ferramenta concetual para compreender os limites da computabilidade e a natureza da complexidade algorítmica. Através de experiências de pensamento e análises formais, os investigadores podem explorar os limites do que pode e não pode ser computado no âmbito das máquinas de Turing. Esta exploração tem implicações profundas em domínios que vão da criptografia à inteligência artificial, moldando a nossa compreensão das possibilidades e limitações dos sistemas computacionais. Em conclusão, a Introdução à Máquina de Turing marca um momento crucial na história da ciência da computação, fornecendo uma estrutura formalizada para a compreensão da computação e dos processos algorítmicos. A sua conceção simples, mas poderosa, incorpora a essência do pensamento computacional, oferecendo uma visão sobre a natureza da computação e os fundamentos teóricos da computação. À medida que continuamos a alargar os limites da computação e a explorar novas fronteiras na inteligência artificial e não só, a Máquina de Turing continua a ser uma luz orientadora, iluminando o caminho para uma compreensão mais profunda da natureza da computação e da inteligência.

4.2. Cenário em tempo real: Emulando um computador

No domínio da computação, a emulação de um sistema informático é uma ferramenta fundamental para uma miríade de aplicações, desde o desenvolvimento de software ao teste de sistemas e muito mais. Este cenário em tempo real envolve a utilização de Máquinas de Turing (TMs), o modelo quintessencial da computação, para replicar o comportamento de arquitecturas de computadores existentes ou mesmo criar ambientes virtuais inteiramente novos. Utilizando máquinas de Turing, que são capazes de simular qualquer processo algorítmico, os programadores podem criar emuladores versáteis capazes de executar diversas pilhas de software e sistemas operativos. Uma aplicação proeminente da emulação de computadores é a preservação de sistemas antigos e a compatibilidade de software. Os emuladores permitem aos utilizadores executar software concebido para plataformas de hardware obsoletas ou incompatíveis em sistemas modernos, garantindo assim a longevidade de aplicações críticas e preservando o património digital. Os programadores podem simular várias configurações de hardware e estados do sistema, permitindo uma validação exaustiva do comportamento do software em diferentes cenários. No domínio da cibersegurança, os emuladores desempenham um papel crucial na avaliação de vulnerabilidades e na análise de malware. Os investigadores de segurança utilizam ambientes emulados para dissecar software malicioso, estudar o seu comportamento e desenvolver contramedidas sem correr o risco de danificar o hardware físico ou comprometer os sistemas operacionais. Além disso, a emulação de um computador permite a criação eficiente de protótipos de sistemas e a investigação académica nos domínios da informática e da engenharia. Os investigadores podem explorar novas arquitecturas, experimentar novos conjuntos de instruções e avaliar métricas de desempenho num ambiente simulado antes de se comprometerem com implementações de hardware dispendiosas. No contexto da educação, a emulação de computadores é uma ferramenta poderosa para ensinar e aprender sobre arquitetura de computadores e sistemas operativos. Os estudantes podem interagir com sistemas virtualizados, realizar experiências e obter conhecimentos práticos sobre conceitos informáticos complexos num ambiente sem riscos. A emulação também tem aplicação na indústria dos jogos, onde os entusiastas dos jogos retro utilizam emuladores para recriar experiências de jogos clássicos em dispositivos modernos. Estes emuladores permitem aos jogadores desfrutar de títulos nostálgicos de gerações passadas, preservando a história dos jogos e fomentando uma comunidade vibrante de entusiastas. Em conclusão, a emulação de um computador é uma capacidade versátil e indispensável com implicações de grande alcance em vários domínios. Quer se trate de compatibilidade de software, desenvolvimento de sistemas, cibersegurança, educação ou entretenimento, a capacidade de reproduzir sistemas informáticos em tempo real oferece um valor imenso e abre novas vias para a inovação e a exploração no panorama em constante evolução da informática.

Conclusão:

Em conclusão, o estudo das Máquinas de Turing (MTs) constitui uma pedra angular no domínio da informática teórica, oferecendo conhecimentos profundos sobre as capacidades e limitações dos modelos computacionais. Introduzidas por Alan Turing na década de 1930, as MTs fornecem um quadro formal para a compreensão dos princípios fundamentais da computação. Graças à sua simplicidade e poder de expressão, as MTs tornaram-se um conceito fundamental no ensino e na investigação das ciências da computação, servindo de base para a exploração de fenómenos computacionais complexos. O cenário em tempo real da emulação de um computador usando Máquinas de Turing sublinha a sua versatilidade e aplicabilidade em tarefas práticas de computação. Ao examinar a estrutura das máquinas de Turing, incluindo os seus componentes de fita, cabeça e estado, obtém-se uma compreensão mais profunda da forma como os processos computacionais se desenrolam. Para além disso, o conceito de Máquina de Turing Universal (MTU) amplifica ainda mais o significado das MTs ao demonstrar a sua capacidade de simular qualquer outra Máquina de Turing. Esta propriedade notável realça a universalidade das MTs e a sua capacidade de emular o comportamento de qualquer dispositivo de computação concebível.Uma das aplicações mais convincentes das MTs reside no seu papel na simulação de programas de computador. Ao representar algoritmos e cálculos como sequências de instruções numa fita, as MTs fornecem uma base teórica para compreender a execução de software. Esta aplicação vai para além da mera especulação teórica; tem implicações práticas na conceção de compiladores, análise e verificação de programas. Além disso, as máquinas de Turing oferecem conhecimentos valiosos sobre os limites teóricos da computação, incluindo o famoso problema da paragem, que continua a ser um tópico central de estudo nas ciências da computação. Constituem a base teórica dos sistemas de computação modernos, inspirando inovações na conceção de algoritmos, linguagens de programação e inteligência artificial. Além disso, o estudo das máquinas de Turing continua a alimentar os avanços na criptografia, na teoria da complexidade e na biologia computacional, entre outros domínios. A sua natureza abstrata simplifica as complexidades da computação no mundo real, ignorando considerações práticas como as restrições de memória, o paralelismo e as operações de entrada/saída. Além disso, as construções teóricas das MTs por vezes não conseguem captar as complexidades dos sistemas de computação modernos, levando os investigadores a explorar modelos computacionais alternativos que reflictam melhor as realidades da tecnologia contemporânea. Em conclusão, as Máquinas de Turing continuam a ser uma ferramenta indispensável no estudo da computação, oferecendo um quadro formal para compreender a essência dos algoritmos e programas. A sua aplicação em tempo real na emulação de computadores sublinha a sua versatilidade e universalidade, enquanto os seus conhecimentos teóricos continuam a moldar o panorama da ciência da computação. À medida que continuamos a alargar os limites da computação e a explorar novas fronteiras tecnológicas, o legado duradouro das máquinas de Turing serve como uma luz orientadora, iluminando a nossa compreensão do universo computacional.

CAPÍTULO 5
AUTÓMATOS CELULARES

Introdução:

Os autómatos celulares (AC) representam um paradigma fascinante na modelação computacional, oferecendo uma perspetiva do comportamento de sistemas complexos através de regras simples e interacções locais. Na sua essência, os autómatos celulares consistem numa grelha de células, cada uma com um estado que evolui ao longo de passos de tempo discretos com base nos estados das células vizinhas. As regras que regem as transições de estado podem conduzir a fenómenos emergentes e à auto-organização, tornando a CA uma ferramenta poderosa para estudar vários fenómenos, incluindo processos biológicos, sistemas físicos e dinâmicas sociais.

Um aspeto interessante dos Autómatos Celulares reside na sua capacidade de modelar sistemas dinâmicos com um mínimo de entradas e de complexidade computacional. Ao definir regras simples para as transições de estado das células e ao observar o comportamento coletivo de toda a grelha, os investigadores podem obter informações valiosas sobre os mecanismos subjacentes que conduzem a fenómenos complexos. Esta simplicidade e escalabilidade tornam os AC particularmente adequados para estudar sistemas de grande escala em que as soluções analíticas podem ser inviáveis ou impraticáveis.

No domínio dos cenários em tempo real, os autómatos celulares encontram aplicações generalizadas, incluindo a simulação do fluxo de tráfego. Ao representar as estradas como uma grelha de células e ao definir regras baseadas na densidade do tráfego e no movimento dos veículos, os modelos de AC podem prever com exatidão os padrões de tráfego, o congestionamento e até os engarrafamentos emergentes. Estas simulações ajudam os planeadores urbanos e os engenheiros de transportes a conceber redes rodoviárias eficientes e a implementar estratégias eficazes de gestão do tráfego. Além disso, os autómatos celulares têm sido fundamentais no estudo da formação de padrões e da dinâmica espacial em sistemas biológicos. Desde a auto-organização das células durante o desenvolvimento embrionário até à propagação de epidemias nas populações, os modelos de autómatos celulares oferecem conhecimentos valiosos sobre a emergência de padrões complexos a partir de interacções locais simples. Ao simular o comportamento e as interacções celulares, os

30

investigadores podem compreender melhor os fenómenos biológicos e informar as intervenções médicas e as estratégias de tratamento. Além disso, a versatilidade dos autómatos celulares estende-se a domínios como a ecologia, onde são utilizados para modelar a dinâmica dos ecossistemas e as interacções entre espécies. Ao representar os habitats como uma grelha e ao definir regras para a disponibilidade de recursos, predação e reprodução, os modelos de AC podem simular processos ecológicos e prever os efeitos a longo prazo das alterações ambientais e das intervenções humanas. Estes conhecimentos são cruciais para os esforços de conservação e gestão sustentável dos recursos. Em resumo, os autómatos celulares são uma ferramenta computacional poderosa para estudar sistemas e fenómenos complexos em vários domínios. A sua simplicidade, escalabilidade e capacidade de captar comportamentos emergentes tornam-nos inestimáveis para simulações em tempo real e modelação preditiva. Quer se trate de desvendar os mistérios dos sistemas biológicos, de otimizar as infra-estruturas urbanas ou de explorar a dinâmica ecológica, os autómatos celulares continuam a revelar os padrões intrincados subjacentes ao nosso mundo.

5.1. Visão geral dos autómatos celulares

Os autómatos celulares (AC) representam um modelo computacional fascinante que simula sistemas complexos através de regras simples aplicadas localmente a células individuais dentro de uma grelha. Inicialmente conceptualizados por John von Neumann e mais tarde popularizados por Stephen Wolfram, os AC encontraram aplicações generalizadas em vários domínios, desde a física à biologia e às ciências informáticas. Na sua essência, o conceito de autómatos celulares gira em torno de uma grelha de células, cada uma com um número finito de estados, que evoluem ao longo de passos de tempo discretos de acordo com regras de transição predefinidas. Esta abordagem descentralizada à computação reflecte muitos fenómenos naturais, tornando os AC uma ferramenta poderosa para modelar e compreender sistemas dinâmicos. A estrutura em grelha dos autómatos celulares proporciona um contexto espacial em que as células vizinhas interagem, influenciando os estados umas das outras e dando origem, coletivamente, a um comportamento emergente. Este processamento descentralizado permite o paralelismo, tornando os autómatos celulares adequados para modelar fenómenos com dinâmica distribuída, como o fluxo de fluidos, a dinâmica populacional e até o comportamento social. Um dos exemplos mais famosos de AC é o Jogo da Vida de Conway, onde regras simples governam a evolução dos estados das células, levando ao surgimento de padrões e comportamentos complexos. A versatilidade dos autómatos celulares reside na sua capacidade de captar uma vasta gama de fenómenos com um mínimo de complexidade. Ajustando as regras que regem as transições celulares e a configuração inicial da grelha, os investigadores podem modelar diversos sistemas, incluindo processos biológicos como a formação de padrões nos tecidos ou as interacções ecológicas nos ecossistemas. Além disso, as CA servem como ferramentas valiosas para explorar os princípios de auto-organização e emergência em sistemas complexos, lançando luz sobre questões fundamentais da ciência e da engenharia.

Na biologia computacional, os autómatos celulares desempenham um papel crucial na modelação de sistemas biológicos a várias escalas, desde o comportamento de células individuais até à dinâmica de populações inteiras. Por exemplo, os AC têm sido utilizados para simular a propagação de epidemias, prever padrões de crescimento de tumores e estudar a morfogénese em organismos em desenvolvimento. Ao simular as interacções entre as células e o seu microambiente, os investigadores podem obter informações sobre os mecanismos subjacentes que determinam os fenómenos biológicos, informando os tratamentos e intervenções médicas.

Além disso, a eficiência computacional dos autómatos celulares torna-os adequados para a simulação de cenários em tempo real e para a realização de simulações em grande escala. Com os avanços na capacidade de computação e no processamento paralelo, os investigadores podem agora explorar sistemas complexos com um detalhe e uma precisão sem precedentes. Esta capacidade é particularmente valiosa em áreas como o planeamento urbano, onde os AC podem modelar o fluxo de tráfego, a expansão urbana e os impactos ambientais, ajudando na tomada de decisões e na formulação de políticas.

Apesar da sua simplicidade, os autómatos celulares possuem uma complexidade inerente, conduzindo a um comportamento rico e por vezes imprevisível. Esta complexidade dá origem a desafios na análise e interpretação de simulações de AC, uma vez que pequenas alterações nas condições iniciais ou nas regras de transição podem ter efeitos profundos na dinâmica do sistema. No entanto, esta complexidade inerente também apresenta oportunidades de descoberta e inovação, impulsionando a investigação em curso em domínios que vão da vida artificial à ciência dos materiais.

Em conclusão, a visão geral dos autómatos celulares realça a sua importância como um poderoso modelo computacional para o estudo de sistemas dinâmicos em várias disciplinas. Desde a simulação de processos biológicos até à modelação de fenómenos sociais e dinâmicas urbanas, os AC oferecem um quadro versátil para explorar comportamentos emergentes e interacções complexas. À medida que a tecnologia informática continua a avançar, as potenciais aplicações dos autómatos celulares são ilimitadas, prometendo novos conhecimentos sobre os mistérios da natureza e da sociedade.

5.2. Cenário em tempo real: Simulação do fluxo de tráfego

Os autómatos celulares (AC) são um modelo computacional fascinante que simula sistemas complexos, dividindo-os em células discretas regidas por regras simples. No contexto da simulação do fluxo de tráfego, os AC oferecem uma ferramenta poderosa para modelar e compreender a dinâmica do movimento de veículos em ambientes urbanos. Nesta panorâmica, exploramos o modo como os AC podem ser aplicados para simular o fluxo de tráfego em cenários em tempo real, oferecendo informações sobre padrões de congestionamento, engarrafamentos e a eficiência dos sistemas de transporte. No centro dos autómatos celulares para a simulação do fluxo de tráfego está o conceito de discretização das redes rodoviárias numa grelha de células, em que cada célula representa um segmento da estrada. Os veículos são então modelados como entidades discretas que ocupam uma ou mais células e se deslocam de acordo com regras predefinidas baseadas em factores como limites de velocidade, sinais de trânsito e interacções com veículos vizinhos. Uma das principais vantagens da utilização de autómatos celulares para a simulação de tráfego é a sua capacidade de captar comportamentos emergentes a partir de interacções locais simples. Ao definir regras que regem a forma como os veículos aceleram, desaceleram, mudam de faixa e reagem às condições de tráfego circundantes, os modelos de AC podem simular com precisão o comportamento coletivo de milhares de veículos que navegam em redes rodoviárias complexas. Por exemplo, considere um cenário em tempo real em que uma simulação de fluxo de tráfego baseada em AC é implementada para analisar o impacto de um novo esquema de gestão de tráfego numa cidade. Ao introduzir dados como a configuração das estradas, a densidade do tráfego e a temporização dos sinais, a simulação pode prever a forma como as alterações à infraestrutura ou às regras de trânsito afectarão os níveis de congestionamento, os tempos de viagem e a eficiência global do tráfego. Ao atualizar continuamente o estado da simulação com base em dados em tempo real provenientes de sensores de tráfego ou dispositivos GPS, os modelos de autómatos celulares podem fornecer informações valiosas às autoridades de gestão do tráfego para otimizar as redes rodoviárias e aliviar o congestionamento. Além disso, as simulações de autómatos celulares permitem aos investigadores explorar vários cenários hipotéticos e avaliar a eficácia de diferentes estratégias para melhorar o fluxo de tráfego, tais como a implementação de sistemas adaptáveis de controlo de sinais de trânsito, a introdução de faixas exclusivas para autocarros ou a promoção de iniciativas de partilha de automóveis.

Em conclusão, a visão geral dos autómatos celulares no contexto da simulação do fluxo de tráfego realça a sua versatilidade e eficácia na modelação de sistemas complexos com comportamento emergente. Ao proporcionar uma compreensão granular da dinâmica do tráfego e a capacidade de simular cenários em tempo real, as simulações baseadas em AC desempenham um papel crucial no planeamento urbano, na engenharia de transportes e na tomada de decisões políticas destinadas a criar sistemas de transportes mais eficientes e sustentáveis.

Conclusão:

Em conclusão, os Autómatos Celulares (AC) apresentam um paradigma fascinante para a modelação e simulação de sistemas complexos, sendo a simulação do fluxo de tráfego um cenário em tempo real que demonstra a sua eficácia. Através deste estudo, testemunhámos o poder dos AC na captura de comportamentos emergentes e dinâmicas inerentes aos sistemas de tráfego, oferecendo uma visão dos padrões de congestionamento, engarrafamentos e optimizações de fluxo.

A natureza celular da AC, em que o estado de cada célula evolui iterativamente com base nas interacções locais, reflecte a natureza descentralizada do fluxo de tráfego, tornando-a uma estrutura adequada para a simulação. Além disso, a versatilidade da CA permite a incorporação de vários parâmetros, como densidade de veículos, limites de velocidade, condições da estrada e comportamentos dos condutores, permitindo simulações realistas e dinâmicas. Ao empregar regras simples que regem as transições de estado das células, os modelos CA podem reproduzir com precisão os fenómenos complexos observados em cenários de tráfego do mundo real, fornecendo ferramentas valiosas para os planeadores urbanos, engenheiros de transportes e decisores políticos analisarem e conceberem estratégias eficientes de gestão do tráfego.

Além disso, a eficiência computacional da AC facilita a simulação em tempo real, permitindo a criação rápida de protótipos, a análise de cenários e a tomada de decisões em ambientes de tráfego dinâmicos. A capacidade de visualizar a dinâmica do tráfego em tempo real ajuda a compreender o comportamento do sistema, a identificar estrangulamentos e a avaliar a eficácia das intervenções propostas, abrindo assim caminho para a tomada de decisões com base em dados e para uma gestão proactiva do tráfego.

Apesar dos seus pontos fortes, desafios como a calibração, a validação e a escalabilidade continuam a ser pertinentes na aplicação da AC à simulação do fluxo de tráfego. A calibração dos parâmetros do modelo para corresponder aos dados do mundo real e a validação com base em observações empíricas são passos cruciais para garantir a precisão e a fiabilidade das simulações baseadas em AC.

Além disso, o aumento das simulações de AC para representar redes urbanas de grande escala, mantendo a eficiência computacional, coloca desafios computacionais que exigem mais investigação e esforços de otimização. Essencialmente, a utilização de autómatos celulares para a simulação do fluxo de tráfego oferece uma estrutura poderosa para compreender, analisar e otimizar os sistemas de tráfego em cenários em tempo real. Ao captar o comportamento emergente do fluxo de tráfego através de interacções locais simples, os modelos de AC fornecem informações valiosas sobre a dinâmica do transporte urbano, contribuindo para o desenvolvimento de soluções de mobilidade mais inteligentes, seguras e eficientes nas nossas cidades em constante evolução. À medida que a tecnologia avança e a nossa compreensão dos sistemas complexos se aprofunda, o papel dos Autómatos Celulares na definição do futuro dos transportes está prestes a tornar-se ainda mais pronunciado, impulsionando a inovação e a transformação no domínio da engenharia de tráfego e do planeamento urbano.

CAPÍTULO 6
REDES PETRI

Introdução:

As redes de Petri, uma poderosa ferramenta de modelação matemática, têm sido amplamente aplicadas em vários domínios, oferecendo uma abordagem estruturada para analisar e otimizar sistemas complexos. Na sua essência, as redes de Petri fornecem uma representação gráfica de sistemas caracterizados por eventos discretos e simultaneidade. A sua versatilidade permite a modelação e análise de sistemas que vão desde processos biológicos a fluxos de trabalho de fabrico e protocolos de comunicação. No domínio dos sistemas biológicos, as redes de Petri têm sido fundamentais para a compreensão de vias bioquímicas complexas e redes de regulação. Ao representarem as interacções moleculares e as transduções de sinais, as redes de Petri ajudam a decifrar a dinâmica dos sistemas biológicos, esclarecendo os mecanismos das doenças e as interacções medicamentosas. Além disso, nos sistemas de saúde, as redes de Petri são utilizadas para modelar os fluxos de doentes nos hospitais, otimizar a atribuição de recursos e melhorar a eficiência operacional global. Na indústria transformadora, as redes de Petri desempenham um papel crucial na modelação e otimização de processos. Elas facilitam o projeto de fluxos de trabalho de produção eficientes, permitindo que os fabricantes identifiquem gargalos, minimizem o desperdício de recursos e aumentem o rendimento. Com as redes de Petri, é possível analisar sistematicamente sistemas de produção complexos, o que resulta em operações simplificadas e maior produtividade. As redes de Petri também têm aplicação em redes e protocolos de comunicação. Ao modelar as configurações da rede e a passagem de mensagens, as redes de Petri ajudam a analisar o desempenho da rede, identificar potenciais pontos de congestionamento e otimizar a transmissão de dados. Além disso, na conceção de sistemas e protocolos distribuídos, as redes de Petri fornecem uma estrutura formal para especificação, verificação e validação, garantindo a fiabilidade e a correção do comportamento do sistema. Oferecem uma representação visual do comportamento do sistema, facilitando a comunicação entre as partes interessadas e ajudando na deteção de falhas e ambiguidades na conceção. Ao simular execuções de software, as redes de Petri permitem a deteção precoce de erros e garantem a robustez e a correção dos sistemas de software. As redes de Petri continuam a evoluir com os avanços da tecnologia e da computação. A sua aplicabilidade estende-se a domínios emergentes como os sistemas ciberfísicos, a Internet das coisas (IoT) e a inteligência artificial (IA). À medida que estes domínios se tornam cada vez mais interligados e complexos, as redes de Petri funcionam como uma ferramenta fundamental para modelar, analisar e otimizar o comportamento de sistemas interligados, abrindo caminho a soluções inovadoras para os desafios do mundo real. Com investigação e desenvolvimento contínuos, as redes de Petri permanecem na vanguarda da modelação e análise de sistemas, impulsionando avanços em diversos domínios e contribuindo para o desenvolvimento de sistemas resilientes e eficientes.

6.1. Compreender as redes de Petri

As Redes de Petri são uma poderosa ferramenta de modelação matemática, oferecendo uma abordagem estruturada para compreender e analisar sistemas concorrentes. Na sua essência, as Redes de Petri representam sistemas de eventos discretos através da representação de lugares, transições e arcos. Cada elemento desempenha um papel distinto: os lugares representam estados ou condições, as transições significam eventos ou acções e os arcos denotam o fluxo de tokens, simbolizando a dinâmica do sistema. Esta representação estruturada facilita a visualização e a compreensão de sistemas complexos, tornando as Redes de Petri inestimáveis em diversos domínios, como a gestão de fluxos de trabalho, processos de fabrico e protocolos de comunicação.

A simplicidade e a clareza das Redes de Petri promovem uma compreensão intuitiva do comportamento do sistema. Ao mapear visualmente os estados, as transições e as suas inter-relações, os analistas podem discernir como o sistema evolui ao longo do tempo, identificando potenciais estrangulamentos, condições de impasse ou optimizações de desempenho. Esta compreensão é crucial para os projectistas e engenheiros de sistemas que procuram melhorar a eficiência, fiabilidade e escalabilidade em aplicações do mundo real. Através da análise matemática, é possível verificar aspectos críticos como a acessibilidade, a vivacidade e a limitação, garantindo que o sistema se comporta como previsto em vários cenários operacionais. Este formalismo aumenta a confiança na conceção do sistema e ajuda a diagnosticar e retificar potenciais falhas ou vulnerabilidades. As redes de Petri apresentam uma versatilidade notável, capaz de modelizar uma vasta gama de sistemas com diferentes graus de complexidade. Desde processos sequenciais simples a sistemas distribuídos complexos, as redes de Petri fornecem um quadro unificado para representação e análise. Esta flexibilidade estende-se à sua aplicação em domínios interdisciplinares, incluindo a biologia, a química e a economia, onde os sistemas apresentam um comportamento e interacções simultâneos. Além disso, os avanços na teoria das Redes de Petri levaram ao desenvolvimento de variantes especializadas adaptadas a domínios de aplicação específicos. As Redes de Petri temporizadas introduzem restrições temporais, permitindo a modelagem de sistemas em tempo real em que as considerações temporais são fundamentais. As redes de Petri coloridas incorporam atributos de dados adicionais, permitindo uma modelação mais expressiva de sistemas com componentes heterogéneos ou transições de estado complexas. Apesar de sua eficácia, as redes de Petri têm limitações. O escalonamento de modelos de redes de Petri para sistemas grandes e complexos pode representar desafios em termos de construção de modelos, escalabilidade da análise e complexidade computacional. Além disso, a tradução de modelos de redes de Petri em código executável ou a sua integração em sistemas de software existentes pode exigir uma análise cuidadosa e conhecimentos especializados. Em conclusão, a compreensão das Redes de Petri permite aos profissionais modelar, analisar e otimizar eficazmente sistemas concorrentes em diversos domínios. A sua representação gráfica intuitiva, capacidades de análise formal e versatilidade tornam-nas ferramentas indispensáveis para designers de sistemas, engenheiros e investigadores. Ao aproveitar o poder das Redes de Petri, é possível obter uma visão mais profunda do comportamento do sistema, melhorar o desempenho do sistema e atenuar os riscos potenciais, promovendo a inovação e o progresso em cenários tecnológicos complexos.

6.2. Cenário em tempo real: Gestão do fluxo de trabalho

As Redes de Petri, uma ferramenta de modelação gráfica e matemática, oferecem uma estrutura robusta para a compreensão e análise de sistemas complexos, com uma aplicação notável na gestão do fluxo de trabalho. Neste cenário em tempo real, as Redes de Petri servem como uma abstração poderosa para modelar e otimizar processos empresariais, permitindo às organizações simplificar as operações e aumentar a eficiência. Na gestão do fluxo de trabalho, as Redes de Petri fornecem uma representação visual de tarefas, recursos e dependências dentro de um processo. Considere o cenário de uma fábrica onde várias tarefas, como a produção, o controlo de qualidade e a embalagem, têm de ser coordenadas sem problemas. As redes de Petri podem representar estas tarefas como nós e transições, ilustrando o fluxo de trabalho e destacando potenciais estrangulamentos ou ineficiências. Além disso, as redes de Petri facilitam a modelação dinâmica dos fluxos de trabalho, permitindo ajustes e otimização em tempo real. Por exemplo, num ambiente de centro de atendimento telefónico, onde os pedidos recebidos têm de ser encaminhados de forma eficiente com base na prioridade e na disponibilidade dos agentes, as redes de Petri podem adaptar-se dinamicamente a condições variáveis, reafectando recursos e optimizando a distribuição de tarefas em resposta a flutuações da carga de trabalho. Além disso, as Redes de Petri oferecem técnicas de análise formal para verificar a correção e o desempenho dos fluxos de trabalho. Através da análise de acessibilidade e da simulação, os intervenientes podem avaliar o comportamento do sistema em diferentes cenários, identificando potenciais situações de impasse ou estrangulamentos de desempenho antes de estes ocorrerem. Esta abordagem proactiva à gestão do fluxo de trabalho ajuda a reduzir os riscos e a garantir um funcionamento sem problemas. Além disso, as Redes de Petri suportam a integração de aspectos de simultaneidade e sincronização inerentes a fluxos de trabalho complexos. Em cenários em que várias tarefas precisam de ser executadas em simultâneo, respeitando as dependências e as restrições de recursos, as Redes de Petri fornecem uma visualização clara do paralelismo e dos pontos de sincronização, facilitando a coordenação eficaz e a utilização de recursos. Além disso, as redes de Petri permitem a automatização da execução do fluxo de trabalho através da implementação de mecanismos automatizados de tomada de decisões e de controlo. Por exemplo, num ambiente de venda a retalho em linha, em que as encomendas têm de ser processadas e satisfeitas automaticamente com base em regras e condições predefinidas, as redes de Petri podem orquestrar o fluxo de encomendas, desencadeando acções adequadas e garantindo a sua satisfação atempada. Para além disso, as redes de Petri suportam a implementação de mecanismos de tolerância a falhas nos fluxos de trabalho, permitindo que o sistema recupere de forma harmoniosa de erros ou falhas. Ao incorporar estratégias de tratamento de erros e de recuperação no modelo das Redes de Petri, as organizações podem minimizar as interrupções e manter a continuidade das operações, mesmo perante eventos inesperados ou falhas. Ao fornecer recursos de modelagem visual, adaptabilidade dinâmica, técnicas de análise formal e suporte para simultaneidade e tolerância a falhas, as Redes de Petri permitem que as organizações gerenciem e otimizem efetivamente seus processos de negócios, aumentando assim a produtividade, a eficiência e a resiliência.

6.3. Atribuição e otimização de recursos

As redes de Petri são poderosas ferramentas de modelização, particularmente em cenários de afetação e otimização de recursos. Compreender as Redes de Petri neste contexto implica compreender a sua capacidade inerente de representar sistemas complexos com recursos, actividades e dependências. No centro das Redes de Petri está uma representação gráfica que inclui lugares, transições e arcos, facilitando a visualização intuitiva da dinâmica dos recursos. A alocação de recursos nas Redes de Petri é manifestada através de tokens, que simbolizam a disponibilidade ou utilização de recursos. Cada transição na Rede de Petri significa uma atividade ou operação, enquanto os lugares denotam estados ou condições dos recursos. Ao modelar processos de alocação de recursos com Redes de Petri, sistemas complexos podem ser analisados, otimizados e refinados para aumentar a eficiência. Na alocação e otimização de recursos usando Redes de Petri, o foco é alcançar a utilização ideal dos recursos disponíveis, minimizando o desperdício ou a contenção.

Através da configuração de estruturas de Redes de Petri e da definição de regras de disparo de transição, as políticas de afetação de recursos podem ser simuladas e avaliadas. A natureza dinâmica das Redes de Petri permite a modelação de interacções de recursos em tempo real, considerando factores como restrições de recursos, dependências e prioridades. As técnicas de otimização aplicadas às Redes de Petri envolvem a análise de vários cenários, a identificação de estrangulamentos e a conceção de estratégias para racionalizar a utilização de recursos. As Redes de Petri oferecem uma visão holística dos processos de atribuição de recursos, captando tanto as configurações estáticas como as alterações dinâmicas ao longo do tempo. Simulando diferentes estratégias de afetação de recursos em redes de Petri, é possível avaliar o seu impacto no desempenho do sistema e identificar soluções óptimas. Além disso, as redes de Petri facilitam a análise de cenários e as simulações hipotéticas, permitindo aos intervenientes explorar diferentes cenários de afetação de recursos e os seus resultados. Esta capacidade é inestimável nos processos de tomada de decisão, permitindo escolhas informadas relativamente a políticas de afetação de recursos e investimentos. A afetação de recursos e a otimização utilizando Redes de Petri encontram aplicações em diversos domínios, incluindo fabrico, logística, gestão de projectos e tecnologias da informação.

No fabrico, as Redes de Petri podem modelar processos de produção, atribuir recursos como maquinaria e mão de obra de forma eficiente e otimizar os calendários de produção para satisfazer a procura, minimizando os custos. Na logística, as redes de Petri ajudam a otimizar as rotas de transporte, as operações de armazém e a gestão de inventário, garantindo a entrega atempada e minimizando o desperdício de recursos. Na gestão de projectos, as redes de Petri ajudam a nivelar os recursos, a programar as tarefas e a reduzir os riscos, melhorando a eficiência e as taxas de sucesso dos projectos. Na tecnologia da informação, as redes de Petri ajudam na atribuição de recursos informáticos, largura de banda de rede e aplicações de software, optimizando o desempenho e a escalabilidade. Em conclusão, a compreensão das Redes de Petri no contexto da atribuição e otimização de recursos revela o seu potencial para modelar, analisar e otimizar sistemas complexos de forma eficiente. Aproveitando a representação gráfica e o comportamento dinâmico das Redes de Petri, as partes interessadas podem obter informações sobre a dinâmica dos recursos, identificar oportunidades de otimização e tomar decisões informadas para melhorar o desempenho e a eficiência do sistema em vários domínios.

Conclusão:

Em conclusão, as Redes de Petri são uma ferramenta de modelação matemática robusta, oferecendo uma estrutura versátil para analisar e otimizar sistemas complexos. Através da exploração das Redes de Petri no contexto dos sistemas de gestão do fluxo de trabalho, a sua eficácia torna-se inconfundível. As Redes de Petri fornecem uma compreensão clara do comportamento do sistema, facilitando a identificação de estrangulamentos, ineficiências e oportunidades de melhoria. Ao dissecar os sistemas em estados e transições discretos, as Redes de Petri permitem uma modelação precisa dos fluxos de trabalho, captando a intrincada interação entre tarefas, recursos e dependências. A aplicação das Redes de Petri na modelação do fluxo de trabalho abre caminhos para uma maior eficiência e produtividade em vários sectores. Ao delinear os componentes das Redes de Petri, como lugares, transições e arcos, é possível representar com exatidão as estruturas complexas do fluxo de trabalho, fornecendo às partes interessadas informações valiosas sobre a dinâmica do processo. Esta representação não só ajuda na visualização dos fluxos de trabalho, como também serve de base para a simulação e otimização, permitindo às organizações racionalizar as operações e minimizar o desperdício de recursos. Ao incorporar fichas de recursos e restrições de capacidade, os modelos de Redes de Petri permitem a atribuição precisa de recursos, garantindo uma utilização óptima e evitando a contenção de recursos. Além disso, através da análise dos fluxos de fichas e da dinâmica do sistema, as redes de Petri permitem que os decisores identifiquem os estrangulamentos de recursos e os afectem criteriosamente, melhorando assim o desempenho global do sistema. medida que os sistemas sofrem alterações e adaptações, os modelos de redes de Petri podem ser facilmente modificados para refletir essas variações, proporcionando um quadro dinâmico para a melhoria contínua. Esta flexibilidade inerente torna as Redes de Petri inestimáveis em ambientes ágeis, onde a capacidade de resposta e a adaptabilidade são fundamentais. Essencialmente, as Redes de Petri oferecem uma abordagem poderosa para modelar e otimizar os sistemas de gestão do fluxo de trabalho, permitindo que as organizações obtenham maior eficiência, agilidade e utilização de recursos. Ao tirar partido das Redes de Petri, as empresas podem obter uma compreensão mais profunda dos seus processos, identificar áreas a melhorar e promover a melhoria contínua. À medida que a tecnologia evolui e os fluxos de trabalho se tornam cada vez mais complexos, o papel das Redes de Petri na facilitação de operações optimizadas e na tomada de decisões informadas está prestes a tornar-se ainda mais pronunciado, consolidando o seu estatuto como pedra angular da gestão moderna do fluxo de trabalho.

CAPÍTULO 7
AUTÓMATOS EM ROBÓTICA

Introdução:

Os autómatos desempenham um papel fundamental na robótica, moldando a inteligência e o comportamento dos sistemas robóticos. No domínio da robótica, os autómatos funcionam como modelos fundamentais para a conceção e implementação de vários mecanismos de controlo, permitindo que os robôs percebam, raciocinem e actuem em ambientes dinâmicos. Uma aplicação proeminente dos autómatos na robótica é nos algoritmos de planeamento de trajectórias. Os robôs equipados com sensores e actuadores navegam através de ambientes complexos utilizando algoritmos baseados em autómatos para determinar caminhos óptimos, evitando obstáculos e minimizando o consumo de energia.

Além disso, os autómatos facilitam o desenvolvimento de estratégias de prevenção de colisões, cruciais para garantir a segurança e a eficiência das operações robóticas em ambientes industriais e não industriais. Ao modelar o ambiente do robô e os potenciais cenários de colisão utilizando autómatos, os engenheiros podem conceber algoritmos inteligentes que permitem aos robôs reagir rápida e adequadamente a obstáculos ou perigos inesperados.

Além disso, os autómatos são úteis em sistemas de controlo adaptativo, permitindo que os robôs ajustem o seu comportamento em tempo real com base na alteração das condições ambientais ou dos requisitos da tarefa. Estes mecanismos de controlo adaptativo, baseados nos princípios dos autómatos, permitem que os robôs optimizem autonomamente as suas acções, melhorando o desempenho geral e a versatilidade em diversos ambientes operacionais. Os modelos baseados em autómatos permitem que os robôs interpretem os gestos, o discurso e as intenções humanas, facilitando a comunicação e a cooperação entre humanos e robôs em tarefas de colaboração, tais como fabrico, cuidados de saúde e operações de salvamento.

Além disso, os autómatos servem de base para a robótica baseada no comportamento, em que comportamentos complexos emergem da interação de módulos de controlo simples baseados em autómatos. Esta abordagem permite que os robôs apresentem comportamentos sofisticados, como a aprendizagem, a adaptação e a interação social, aumentando a sua capacidade de interagir com o ambiente e realizar tarefas complexas de forma autónoma Além disso, os autómatos permitem o desenvolvimento de sistemas de robótica de enxame, em que grandes grupos de robôs simples cooperam para atingir objectivos colectivos. Ao empregar mecanismos de comunicação e coordenação baseados em autómatos, os sistemas de robótica de enxame apresentam comportamentos emergentes, como a auto-organização, a robustez e a escalabilidade, tornando-os adequados para tarefas como a exploração, a vigilância e a resposta a catástrofes. Além disso, os modelos baseados em autómatos são fundamentais para a aprendizagem e cognição robóticas, permitindo que os robôs adquiram conhecimentos, raciocinem e tomem decisões de forma autónoma. Ao integrar algoritmos de aprendizagem baseados em autómatos, os robôs podem adaptar-se a novos ambientes, aprender com a experiência e melhorar o seu desempenho ao longo do tempo, conduzindo a sistemas robóticos mais inteligentes e capazes. Desde o planeamento de percursos e a prevenção de colisões até ao controlo adaptativo, à colaboração entre humanos e robôs e à robótica de enxame, as abordagens baseadas em autómatos impulsionam a inovação e o avanço no domínio da robótica, abrindo caminho para o desenvolvimento de sistemas robóticos inteligentes, autónomos e socialmente competentes.

7.1. Aplicação de autómatos em robótica

Os autómatos, em particular as máquinas de estados finitos (FSM), desempenham um papel fundamental no domínio da robótica, oferecendo uma abordagem estruturada para modelar e controlar comportamentos complexos. Na aplicação de autómatos na robótica, as FSMs servem como uma estrutura fundamental para a conceção de sistemas inteligentes capazes de navegar em ambientes dinâmicos e executar tarefas com precisão e eficiência. Uma das principais áreas em que os autómatos brilham é nos algoritmos de planeamento de trajectórias. Ao representar diferentes estados do ambiente do robô e possíveis acções como estados e transições num FSM, os robôs podem navegar autonomamente através de obstáculos, evitando colisões e atingindo destinos designados.

Além disso, os autómatos têm aplicação no controlo do movimento dos robôs. Através da utilização de FSM, os robôs podem executar sequências de movimentos predefinidos, ajustando o seu comportamento com base no feedback sensorial e nas pistas ambientais. Isto permite que os robôs executem tarefas como operações de recolha e colocação em ambientes de fabrico ou sigam trajectórias predefinidas em drones aéreos. A natureza discreta dos autómatos presta-se bem à modelação destas tarefas sequenciais, permitindo um controlo robusto e adaptabilidade em cenários em tempo real.

Além disso, os autómatos ajudam na robótica baseada no comportamento, em que os comportamentos complexos emergem da interação de comportamentos mais simples. Ao conceber FSMs para representar comportamentos individuais e as suas possíveis transições com base em informações sensoriais, os robôs podem apresentar comportamentos sofisticados, tais como evitar obstáculos, explorar e dar prioridade a tarefas. Esta abordagem modular à conceção do comportamento facilita o desenvolvimento de sistemas robóticos versáteis e adaptáveis, capazes de funcionar em ambientes diversos e imprevisíveis. Além disso, os autómatos contribuem para a robótica de enxame, em que vários robôs colaboram para atingir objectivos colectivos. Os FSM podem ser utilizados para modelar protocolos de coordenação e comunicação entre robôs de enxame, permitindo-lhes sincronizar as suas acções, partilhar informações e auto-organizar-se para realizar tarefas complexas, como missões de exploração, vigilância ou busca e salvamento. Esta abordagem distribuída ao controlo tira partido da simplicidade e escalabilidade dos autómatos para coordenar eficazmente um grande número de robôs.

Além disso, os autómatos desempenham um papel crucial na interação homem-robô (HRI), em que os robôs têm de compreender e responder a comandos e gestos humanos. Os FSM podem ser utilizados para analisar instruções em linguagem natural ou reconhecer comandos baseados em gestos, permitindo que os robôs interpretem as intenções humanas e executem as acções adequadas. Isto melhora a usabilidade e a acessibilidade dos sistemas robóticos em vários domínios, incluindo a robótica de assistência, os cuidados de saúde e o entretenimento.

Além disso, os autómatos facilitam a deteção e recuperação de falhas em sistemas robóticos. Ao modelar as condições de falha e os procedimentos de recuperação como estados e transições num FSM, os robôs podem diagnosticar autonomamente as falhas, implementar acções correctivas e retomar o funcionamento normal. Esta capacidade de auto-cura aumenta a fiabilidade e a robustez dos sistemas robóticos em aplicações críticas como a exploração espacial, ambientes perigosos e veículos aéreos não tripulados.

Além disso, os autómatos permitem o planeamento e a programação de tarefas em aplicações robóticas. Ao representar tarefas, recursos e dependências como estados e transições num FSM de planeamento, os robôs podem gerar sequências de tarefas óptimas, atribuir recursos de forma eficiente e adaptar os seus planos a requisitos ou restrições variáveis. Isto aumenta a autonomia e a eficiência dos sistemas robóticos em ambientes orientados para as tarefas, como a logística, a automatização de armazéns e a robótica de serviços.

Em conclusão, a aplicação de autómatos na robótica abrange uma vasta gama de domínios e aplicações, desde o planeamento de trajectórias e controlo de movimentos até à robótica baseada no comportamento, inteligência de enxames, interação homem-robô, tolerância a falhas e planeamento de tarefas. Tirando partido do formalismo e da versatilidade dos autómatos, os roboticistas podem conceber e implementar sistemas inteligentes que exibem comportamentos sofisticados, se adaptam a ambientes dinâmicos, interagem sem problemas com os seres humanos e operam de forma autónoma em cenários diversificados e exigentes.

7.2. Cenário em tempo real: Planeamento de percursos

Os autómatos, em particular no domínio da robótica, desempenham um papel fundamental na navegação em ambientes complexos de forma eficiente e segura. Em cenários em tempo real, como o planeamento de percursos, os algoritmos de autómatos são fundamentais para guiar os robôs através de ambientes dinâmicos, evitando obstáculos e optimizando as suas trajectórias. Um aspeto importante dos autómatos na robótica é a sua aplicação na conceção de algoritmos de planeamento de trajectórias. Estes algoritmos permitem que os robôs determinem o percurso mais adequado desde a sua localização atual até um objetivo designado, tendo em conta factores como obstáculos, terreno e alterações dinâmicas no ambiente.

Uma abordagem comummente utilizada no planeamento de trajectórias é a utilização de máquinas de estados finitos (FSM), um tipo de autómato que modela o comportamento do robô como uma série de estados discretos e transições entre eles. Neste contexto, cada estado representa uma configuração ou ação específica que o robô pode executar, enquanto as transições indicam as condições em que o robô muda de estado. Os cenários de planeamento de trajectórias em tempo real exigem algoritmos robustos e eficientes, capazes de se adaptarem rapidamente a ambientes dinâmicos. As abordagens baseadas em autómatos oferecem vantagens em termos de eficiência computacional e escalabilidade, permitindo que os robôs tomem decisões em tempo real enquanto navegam em ambientes complexos com múltiplos obstáculos e restrições. Outra vantagem dos autómatos no planeamento de trajectórias é a sua capacidade de lidar com a incerteza e a variabilidade inerentes aos ambientes reais. Ao utilizar autómatos probabilísticos ou ao incorporar modelos probabilísticos nos seus processos de tomada de decisão, os robôs podem ter em conta incertezas como o ruído dos sensores, erros de perceção e alterações inesperadas no ambiente. Além disso, os algoritmos de planeamento de trajectórias baseados em autómatos podem ser adaptados a plataformas e aplicações robóticas específicas, permitindo flexibilidade e personalização de acordo com as capacidades do robô e os requisitos da missão. Quer se trate de navegar em interiores em ambientes desordenados ou de atravessar terrenos exteriores com superfícies irregulares, os autómatos fornecem uma estrutura versátil para a conceção de soluções de planeamento de trajectórias adaptáveis e robustas. Para além da prevenção de obstáculos e da otimização de trajectórias, os autómatos no planeamento de trajectórias podem também abordar tarefas de alto nível, como a coordenação de vários agentes, a atribuição de tarefas e o planeamento de missões. Ao integrar técnicas baseadas em autómatos com sistemas de planeamento e controlo de nível superior, os robôs podem colaborar eficazmente em ambientes dinâmicos para atingir objectivos complexos. De um modo geral, os autómatos desempenham um papel fundamental para permitir que os robôs naveguem em ambientes reais de forma autónoma e eficiente. Em cenários de planeamento de trajectórias, os algoritmos de autómatos fornecem um quadro poderoso para a conceção de soluções adaptáveis, robustas e escaláveis que permitem aos robôs navegar de forma segura e eficaz, mesmo perante a incerteza e as mudanças dinâmicas no ambiente.

7.3. Adaptação ao ambiente dinâmico

Na robótica, a integração de autómatos desempenha um papel fundamental na navegação em ambientes dinâmicos com precisão e adaptabilidade. Um dos aspectos mais cruciais da robótica é a sua capacidade de responder eficazmente às mudanças do ambiente, e os autómatos fornecem a estrutura para alcançar este objetivo. A adaptação a ambientes dinâmicos, facilitada pelos autómatos, envolve a análise em tempo real de dados sensoriais e a geração de respostas adequadas para garantir um funcionamento seguro e eficiente.

No centro do conceito de adaptação dinâmica do ambiente está a utilização de algoritmos automatizados para a tomada de decisões. Estes algoritmos permitem que os robots avaliem o ambiente que os rodeia, identifiquem obstáculos ou alterações no terreno e ajustem dinamicamente as suas estratégias de navegação em conformidade. Ao utilizar modelos de autómatos baseados em estados, os robôs podem transitar entre diferentes comportamentos ou padrões de movimento com base nas condições ambientais em evolução.

Uma das principais vantagens da utilização de autómatos na robótica reside na sua modularidade e escalabilidade inerentes. Os controladores baseados em autómatos podem ser concebidos para lidar com vários aspectos da adaptação dinâmica do ambiente, como a prevenção de obstáculos, o planeamento de trajectórias e o comportamento colaborativo com outros robôs ou entidades no ambiente. Esta abordagem modular permite a integração perfeita de diferentes módulos de autómatos, facilitando sistemas robóticos robustos e versáteis.

Além disso, as abordagens baseadas em autómatos são adequadas para funcionamento em tempo real, o que as torna ideais para aplicações em que a tomada rápida de decisões é fundamental. Ao processarem eficazmente os dados sensoriais e ao executarem comportamentos predefinidos baseados em autómatos, os robôs podem navegar em ambientes dinâmicos com agilidade e capacidade de resposta. Esta capacidade é particularmente valiosa em domínios como as missões de busca e salvamento, em que decisões urgentes podem significar a diferença entre o sucesso e o fracasso.

Além disso, os autómatos permitem que os robôs apresentem comportamentos adaptativos complexos sem a necessidade de grandes recursos computacionais. Ao codificar as regras de comportamento e a lógica de tomada de decisões em máquinas de estado finito ou noutros modelos de autómatos, os robôs podem adaptar-se eficazmente a uma vasta gama de cenários ambientais, minimizando os custos de computação. Outro aspeto notável dos autómatos na adaptação dinâmica ao ambiente é a sua capacidade de facilitar a aprendizagem e a adaptação ao longo do tempo. Através de técnicas como a aprendizagem por reforço ou os algoritmos evolutivos, os robôs podem aperfeiçoar os seus controladores baseados em autómatos com base no feedback das suas interacções com o ambiente. Este processo de aprendizagem adaptativa permite que os robôs melhorem continuamente o seu desempenho e adaptabilidade em resposta à evolução dos desafios ambientais. Além disso, as abordagens baseadas em autómatos proporcionam um quadro transparente e interpretável para a conceção de comportamentos robóticos. Os engenheiros e investigadores podem facilmente compreender e modificar os modelos de autómatos subjacentes para afinar os comportamentos dos robôs ou enfrentar desafios específicos encontrados em ambientes dinâmicos. Esta transparência promove a colaboração e a inovação no seio da comunidade robótica, impulsionando os avanços neste domínio.

Em conclusão, a integração de autómatos na robótica para adaptação dinâmica ao ambiente permite que os robôs naveguem em ambientes complexos e em mudança com agilidade, capacidade de resposta e adaptabilidade. Ao tirar partido de algoritmos e modelos baseados em autómatos, os robôs podem tomar decisões em tempo real, apresentar comportamentos complexos e melhorar continuamente o seu desempenho ao longo do tempo. Esta sinergia entre a teoria dos autómatos e a robótica é extremamente promissora para o desenvolvimento de sistemas robóticos inteligentes e autónomos capazes de funcionar eficazmente em diversos ambientes do mundo real.

Conclusão:

Em conclusão, a integração de autómatos na robótica revolucionou o campo, oferecendo avanços sem paralelo em termos de autonomia, eficiência e adaptabilidade. Através da aplicação da teoria dos autómatos, os engenheiros de robótica desenvolveram algoritmos e estratégias sofisticados que permitem aos robôs navegar em ambientes complexos com precisão e inteligência. No cenário em tempo real do planeamento de percursos, os algoritmos de navegação orientados por autómatos desempenham um papel fundamental na orientação dos robôs através de terrenos complexos, optimizando as suas trajectórias para uma eficiência e segurança óptimas. Além disso, a implementação de estratégias de prevenção de colisões garante que os robots podem funcionar sem problemas em ambientes dinâmicos, reduzindo o risco de acidentes e colisões com obstáculos ou outros agentes. Além disso, os autómatos dão aos robôs a capacidade de se adaptarem dinamicamente a ambientes em mudança, aumentando a sua resiliência e versatilidade. Quer se deparem com obstáculos inesperados ou com condições ambientais em evolução, os robôs equipados com sistemas baseados em autómatos podem ajustar rapidamente os seus comportamentos e trajectórias para ultrapassar desafios e atingir os seus objectivos de forma eficaz. Esta adaptabilidade é crucial para aplicações que vão desde a automação industrial a missões de busca e salvamento, em que os robôs têm de funcionar autonomamente em ambientes imprevisíveis.
O significado dos autómatos na robótica vai para além da mera funcionalidade; também sublinha os princípios fundamentais da computação e da tomada de decisões. Ao modelar comportamentos robóticos utilizando autómatos, os investigadores obtêm informações valiosas sobre a complexidade computacional do controlo e da cognição dos robôs, abrindo caminho para

novos avanços na inteligência artificial e na aprendizagem automática. Além disso, a sinergia entre a teoria dos autómatos e a robótica promove a colaboração interdisciplinar, impulsionando a inovação na intersecção da informática, da engenharia e da ciência cognitiva. Olhando para o futuro, o futuro dos autómatos na robótica é imensamente promissor, com a investigação em curso a centrar-se no reforço da autonomia, adaptabilidade e interação homem-robô dos robôs. Os avanços na tecnologia de sensores, na aprendizagem automática e na robótica de enxame estão preparados para enriquecer ainda mais as capacidades dos robôs movidos a autómatos, permitindo-lhes realizar tarefas cada vez mais complexas e operar em diversos ambientes com uma eficiência e sofisticação sem precedentes. No entanto, desafios como considerações éticas, preocupações com a segurança e quadros regulamentares devem ser abordados para garantir a implantação e utilização responsáveis de sistemas robóticos movidos a autómatos.

Em conclusão, a integração de autómatos na robótica representa uma mudança de paradigma na forma como percepcionamos e interagimos com máquinas inteligentes. Desde o planeamento de percursos até à adaptação dinâmica ao ambiente, os robôs movidos por autómatos exemplificam a convergência de conceitos teóricos com aplicações práticas, ultrapassando os limites do que é possível na robótica. À medida que continuamos a desbloquear todo o potencial dos autómatos na robótica, embarcamos numa viagem transformadora em direção a um futuro em que as máquinas inteligentes trabalham em conjunto com os seres humanos para aumentar a produtividade, a segurança e a qualidade de vida.

CAPÍTULO 8
CONCLUSÃO

8.1 Resumo das aplicações dos autómatos

No domínio da computação e não só, as aplicações de autómatos servem como ferramentas poderosas para modelar, analisar e resolver problemas complexos do mundo real. Este resumo destaca a gama diversificada de aplicações e a sua importância em vários domínios. Em primeiro lugar, os autómatos finitos têm uma utilização generalizada em cenários como as máquinas de venda automática, onde modelam eficazmente os estados e as transições para gerir o comportamento da máquina. Os autómatos pushdown, por outro lado, revelam-se inestimáveis na análise sintáctica dos compiladores, garantindo a correção das linguagens de programação através da análise de gramáticas sem contexto.

Além disso, as máquinas de Turing, com as suas capacidades computacionais universais, estão na vanguarda da emulação de sistemas informáticos e da simulação de processos algorítmicos, proporcionando conhecimentos sobre a teoria computacional e a execução de programas. Os autómatos celulares oferecem uma perspetiva única dos sistemas dinâmicos, exemplificada pelo seu papel na simulação do fluxo de tráfego, permitindo a análise preditiva e estratégias de otimização para a mobilidade urbana. As redes de Petri alargam ainda mais a aplicabilidade dos autómatos na modelação de sistemas complexos, particularmente na gestão de fluxos de trabalho, onde facilitam a atribuição de recursos e a otimização de processos.

No domínio da robótica, os autómatos desempenham um papel fundamental no planeamento de percursos e nos algoritmos de navegação, permitindo que os robôs percorram ambientes dinâmicos, evitem obstáculos e se adaptem a circunstâncias variáveis em tempo real. Da automação industrial aos veículos autónomos, a integração de soluções baseadas em autómatos continua a revolucionar várias indústrias, melhorando a eficiência, a segurança e a escalabilidade.

Em resumo, as aplicações de autómatos oferecem um conjunto de ferramentas versátil para enfrentar uma miríade de desafios em diferentes domínios. Quer se trate de modelar máquinas de estado simples ou de simular sistemas complexos, os autómatos fornecem um quadro estruturado para compreender e resolver problemas algoritmicamente. À medida que a tecnologia avança, o papel dos autómatos na modelação da nossa paisagem digital está prestes a expandir-se, abrindo caminho a soluções inovadoras e a novas fronteiras na computação e não só.

8.2 Perspectivas e tendências futuras

Ao olharmos para o futuro das aplicações dos autómatos, torna-se evidente que a trajetória é marcada por perspectivas promissoras e tendências excitantes. Uma via significativa reside na integração da teoria dos autómatos com tecnologias emergentes, como a inteligência artificial e a aprendizagem automática. Ao combinar o poder dos formalismos dos autómatos com a adaptabilidade dos algoritmos de IA, podemos imaginar sistemas mais inteligentes capazes de tomar decisões avançadas e resolver problemas em diversos domínios. Além disso, a proliferação de dispositivos da Internet das Coisas (IoT) e o advento da Indústria 4.0 estão preparados para revolucionar a forma como os autómatos são aplicados.

Com a crescente interligação de dispositivos e sistemas, há uma necessidade crescente de soluções baseadas em autómatos para gerir redes complexas, otimizar a atribuição de recursos e garantir protocolos de comunicação eficientes. Além disso, à medida que nos aprofundamos nos domínios da computação quântica e da teoria da informação quântica, há um interesse crescente em explorar o potencial dos autómatos quânticos.

Estes modelos computacionais quânticos prometem acelerar exponencialmente certos tipos de cálculos, abrindo novas fronteiras na criptografia, otimização e simulação quântica. Para além dos avanços tecnológicos, as tendências sociais estão também a moldar o futuro das aplicações de autómatos. Com o surgimento de cidades inteligentes, veículos autónomos e cuidados de saúde personalizados, há uma procura crescente de soluções baseadas em autómatos que possam navegar em ambientes dinâmicos, adaptar-se a condições variáveis e garantir segurança e eficiência em escala. Além disso, a democratização de ferramentas e estruturas de autómatos através de iniciativas de código aberto e recursos educativos acessíveis está a capacitar uma nova geração de inovadores para explorar e aproveitar o poder dos métodos formais nos seus projectos.

Esta democratização promove a criatividade, a colaboração e a inovação, abrindo caminho a novas aplicações e descobertas em diversos domínios.

Ao traçarmos o caminho a seguir, é essencial abordar as implicações éticas e sociais das aplicações de autómatos. Garantir a transparência, a responsabilidade e a justiça nos processos de tomada de decisões algorítmicas será fundamental para criar confiança e promover a inovação responsável. Em conclusão, o futuro das aplicações de autómatos está repleto de potencial, impulsionado pelos avanços da tecnologia, pela evolução das necessidades da sociedade e por um espírito de colaboração e exploração. Aproveitando os pontos fortes da teoria dos autómatos e adoptando abordagens interdisciplinares, podemos desbloquear novas oportunidades, enfrentar desafios complexos e preparar o caminho para um futuro mais inteligente, mais conectado e mais equitativo.

8.3 Desafios e limitações

As aplicações de autómatos têm demonstrado uma versatilidade notável em vários domínios, mas não estão imunes a desafios e limitações. Um desafio significativo reside na complexidade dos sistemas do mundo real, que muitas vezes ultrapassa as capacidades dos modelos de autómatos tradicionais. À medida que os sistemas se tornam mais complexos, o espaço de estados finito dos autómatos pode ter dificuldade em captar com precisão todos os estados e transições possíveis. Esta limitação dificulta a aplicabilidade dos autómatos em ambientes altamente dinâmicos, onde as mudanças de estado ocorrem rapidamente. Além disso, embora os autómatos forneçam abstracções valiosas para a modelação de sistemas discretos, podem ser insuficientes para representar sistemas com comportamentos contínuos ou probabilísticos, como os que se encontram no processamento de linguagem natural ou nos mercados financeiros. Além disso, a escalabilidade das soluções baseadas em autómatos representa um desafio considerável, especialmente em aplicações de grande escala. À medida que a dimensão do sistema aumenta, a complexidade computacional das operações com autómatos cresce exponencialmente, conduzindo a estrangulamentos de desempenho e a restrições de recursos. Este problema de escalabilidade impede a adoção generalizada de autómatos em aplicações de utilização intensiva de recursos, como o processamento de dados em tempo real ou o encaminhamento de redes. Além disso, a conceção e a análise de sistemas baseados em autómatos requerem conhecimentos especializados em métodos formais e ciências da computação teóricas, limitando a sua acessibilidade a profissionais fora destes domínios.

Outro desafio decorre do determinismo inerente aos modelos de autómatos clássicos. Embora o determinismo simplifique a análise e a verificação, impõe restrições rígidas ao comportamento do sistema, tornando difícil acomodar elementos estocásticos ou não-determinísticos inerentes a muitos cenários do mundo real. Esta limitação dificulta a aplicabilidade dos autómatos em domínios como a inteligência artificial e a aprendizagem automática, em que a incerteza e o raciocínio probabilístico desempenham papéis fundamentais. Além disso, a falta de apoio à concorrência e ao paralelismo nos modelos tradicionais de autómatos limita a sua eficácia na modelação de sistemas concorrentes, como o software multithread ou os ambientes de computação distribuída. Além disso, a adaptabilidade dos autómatos à evolução dos requisitos do sistema constitui um desafio significativo. Uma vez que um autómato é concebido e implementado para uma tarefa específica, modificar o seu comportamento ou alargar as suas capacidades implica frequentemente esforços substanciais de reengenharia. Esta falta de flexibilidade inibe o desenvolvimento ágil e a manutenção de sistemas baseados em autómatos, particularmente em domínios de aplicação dinâmicos onde os requisitos mudam frequentemente. Além disso, as soluções baseadas em autómatos podem ter dificuldade em integrar-se nos ecossistemas e tecnologias de software existentes, limitando a sua interoperabilidade e dificultando a sua adoção sem problemas em aplicações práticas.

Apesar destes desafios, os esforços de investigação em curso estão a resolver muitas das limitações associadas às aplicações de autómatos. Os avanços nas técnicas de verificação formal e nos algoritmos de verificação de modelos estão a melhorar a escalabilidade e a precisão das ferramentas de análise baseadas em autómatos. Além disso, as novas extensões dos modelos clássicos de autómatos, como os autómatos probabilísticos e os autómatos temporizados, estão a expandir a sua aplicabilidade a uma gama mais vasta de domínios problemáticos. Além disso, a integração de autómatos com técnicas complementares, como a aprendizagem automática e a resolução de restrições, está a abrir novas vias para a modelação e análise de sistemas híbridos. Ao enfrentar estes desafios e abraçar as oportunidades emergentes, as aplicações de autómatos podem continuar a evoluir e a prosperar em diversos cenários do mundo real.

Conclusão:

Em conclusão, a exploração de aplicações de autómatos tem proporcionado uma visão profunda dos diversos domínios da computação e da tecnologia. Desde os conceitos fundamentais dos autómatos finitos até às intrincadas simulações dos autómatos celulares, estes modelos abstractos encontraram manifestações tangíveis em cenários de tempo real em vários domínios. O significado dos autómatos na computação não pode ser exagerado, uma vez que servem como ferramentas fundamentais para a resolução de problemas, conceção de sistemas e otimização.

Os autómatos finitos, exemplificados pela omnipresente máquina de venda automática, mostram a simplicidade e a eficiência dos sistemas baseados em estados no tratamento de tarefas do mundo real. Os autómatos pushdown, como demonstrado na análise sintáctica para compiladores, ilustram o poder dos mecanismos baseados em pilhas no processamento eficiente de estruturas complexas. As máquinas de Turing, embora teóricas na sua essência, sustentam o quadro teórico da computação e permitem a emulação de sistemas informáticos, fomentando a inovação na simulação de programas e no desenvolvimento de algoritmos. Os autómatos celulares emergem como ferramentas poderosas para modelar sistemas dinâmicos, como evidenciado pela sua aplicação na simulação de fluxos de tráfego, permitindo análises preditivas e estratégias eficazes de gestão do tráfego. As redes de Petri fornecem um formalismo para modelar processos simultâneos, facilitando a gestão do fluxo de trabalho e a otimização de recursos em sistemas complexos. Além disso, a integração de autómatos na robótica abre novas fronteiras na automação, permitindo algoritmos de planeamento de percursos, estratégias de prevenção de colisões e comportamento adaptativo em ambientes dinâmicos. Olhando para o futuro, as perspectivas das aplicações de autómatos são promissoras, com os avanços da inteligência artificial, da aprendizagem automática e da computação quântica prontos a expandir ainda mais a sua utilidade e impacto.

No entanto, subsistem desafios e limitações, incluindo questões de escalabilidade, complexidade computacional e a necessidade de mecanismos robustos de tratamento de erros. Para responder a estes desafios, será necessária uma colaboração interdisciplinar e abordagens inovadoras para aproveitar todo o potencial dos autómatos na resolução de problemas do mundo real.

Em conclusão, o estudo das aplicações de autómatos revela uma rica tapeçaria de possibilidades, oferecendo soluções para problemas complexos e impulsionando a inovação em diversos domínios. À medida que continuamos a alargar os limites da tecnologia, os autómatos continuarão a ser ferramentas indispensáveis para moldar o futuro da computação e não só.

BIBLIOGRAFIA

1. Y. Abdeddaïm and D. Masson, "Real-Time Scheduling of Energy Harvesting Embedded Systems with Timed Automata," 2012 IEEE International Conference on Embedded and Real-Time Computing Systems and Applications, Seoul, Korea (South), 2012, pp. 31-40, doi: 10.1109/RTCSA.2012.21.

2. Y. Masoudi, S. Lotfi, D. Karimzadgan, F. Fathy e K. Abdi, "Static Task Graph Scheduling in Real Time Homogenous Multiprocessor Systems Using Learning Automata," 2011 International Conference on Communication Systems and Network Technologies, Katra, India, 2011, pp. 423-429, doi: 10.1109/CSNT.2011.94.

3. N. Kyparissas e A. Dollas, "Uma arquitetura baseada em FPGA para simular autómatos celulares com grandes vizinhanças em tempo real", 29.ª Conferência Internacional de 2019 sobre lógica programável de campo e aplicações (FPL), Barcelona, Espanha, 2019, pp. 95-99, doi: 10.1109/FPL.2019.00024.

4. G. Li, D. Song, L. Liao, F. Sun e J. Du, "Learning automata-based adaptive web services composition," 2014 IEEE 5th International Conference on Software Engineering and Service Science, Beijing, China, 2014, pp. 792-795, doi: 10.1109/ICSESS.2014.6933685.

5. V. Gupta e S. Aggarwal, "Applications of fuzzy learning automata a review", 2016 3rd International Conference on Computing for Sustainable Global Development (INDIACom), Nova Deli, Índia, 2016, pp. 3666-3671.

yes
I want morebooks!

Buy your books fast and straightforward online - at one of world's fastest growing online book stores! Environmentally sound due to Print-on-Demand technologies.

Buy your books online at
www.morebooks.shop

Compre os seus livros mais rápido e diretamente na internet, em uma das livrarias on-line com o maior crescimento no mundo! Produção que protege o meio ambiente através das tecnologias de impressão sob demanda.

Compre os seus livros on-line em
www.morebooks.shop

Printed by Books on Demand GmbH, Norderstedt / Germany